电力生产人身伤亡事故典型案例警示教材

防高处坠落事故

温渡江　编著

U0300143

中国电力出版社
CHINA ELECTRIC POWER PRESS

内 容 提 要

本书为《电力生产人身伤亡事故典型案例警示教材》之防高处坠落事故分册，共收集典型事故案例35例，并按事故成因规律将其分为10个基本类型。

本分册分为两大部分，第一部分依据现代事故成因理论和我国关于人身事故统计分析的相关规定，并结合电力生产事故统计分析的实际需要，简要介绍了人身伤亡事故分析规则、电力生产人身伤亡事故类型、特性及防治要点，以及高处坠落事故的形成机理及防治要点。第二部分按照事故分析规则及相关专业理论，对35例高处坠落事故典型案例的直接原因和间接原因，逐一作出了比较规范的分析与研判，并明确指出了导致该事故发生的"违"与"误"。为了提高读者的阅读兴趣，并加深对事故成因规律的认识，还聘请绘画专家为每一个典型事故案例绘制了生动形象的彩色漫画。

本套教材系针对电力企业基层员工量身定做，内容紧密结合工作实际，专业规范的分析与研判、生动形象的卡通人物、鲜活典型且类型齐全的案例警示，能切实促进广大一线员工增强安全意识、提高安全技能。本书可作为电力企业开展安全教育，进行危险点分析与控制的首选培训教材。

图书在版编目（CIP）数据

防高处坠落事故 / 温渡江编著. —北京：中国电力出版社，2015.5（2016.11 重印）
电力生产人身伤亡事故典型案例警示教材
ISBN 978-7-5123-7489-8

Ⅰ.①防… Ⅱ.①温… Ⅲ.①电力工业–高空作业–伤亡事故–案例–中国–教材 Ⅳ.①TM08

中国版本图书馆CIP数据核字（2015）第065529号

中国电力出版社出版、发行
（北京市东城区北京站西街 19 号　100005　http：//www.cepp.sgcc.com.cn）
北京博图彩色印刷有限公司印刷
各地新华书店经售

＊

2015 年 5 月第一版　　2016 年 11 月北京第二次印刷
889 毫米 × 1194 毫米　32 开本　3.875 印张　81 千字
印数 3001—5500 册　　定价 **30.00** 元

失败是成功之母，说的是一个人只要善于从失败中吸取经验教训，就能获得成功。对于安全生产而言，只要善于分析事故案例，并从中吸取有利于企业安全工作的经验教训，就能有效防止类似事故在本企业发生，并为企业实现长治久安提供重要的决策依据和措施保证。从这个意义上说，事故是安全之母。

本书作者在电力企业连续从事专职安全监督管理工作近40年（含退休后的返聘工作时间）。其间，直接或间接接触过的电力生产人身伤亡事故案例数以千计。通过对这些事故案例进行系统的分析研究，并结合长期从事安全监督管理工作实践所积累的经验和体会，逐步发现了一个带有规律性的东西，即电力系统历年来所发生的五花八门的人身伤亡事故，实际上只不过是为数不多的典型事故案例在不断地重复上演而已。这就是说，典型事故案例中蕴藏着事故成因规律，只要掌握了这些典型事故案例的事故成因模型，就能有效防止各类人身伤亡事故的发生。这就是本书作者编写电力生产人身伤亡事故典型案例警示教材的出发点和落脚点。

本套教材以中国电力出版社于2009年3月出版发行的《供电企业人身事故成因及典型案例分析》为基础，又广泛收集整理了近几年各级电力主管部门印发的事故通报、快报、简报和事故汇编，通过分析对比，按照事故信息相对比较完整、事故类型齐全和简明实用的原则，最终选择了 228 个典型事故案例，其内容基本上涵盖了国家电网公司《〈电力生产事故调查规程〉事故（障碍）报告统计填报手册》所列举的所有人身伤亡事故类型（暂不包括动物伤害、扭伤及其他）。

本套教材共分为六个分册。分别为：防触电事故、防高处坠落事故、防倒杆事故、防起重伤害事故、防物体打击事故、防车辆、交通、机械、灼烫及其他伤害事故。每册又分为两大部分，第一部分依据现代事故成因理论和我国关于人身事故统计分析的相关规定，并结合电力生产人身事故统计分析的实际需要，简要介绍了人身伤亡事故分析规则，电力生产人身伤亡事故类型、特性及防治要点，以及每分册所述事故类型的形成机理及防治要点。第二部分按照事故分析规则及相关专业理论，对每分册所选典型事故案例的直接原因和间接原因，逐一作出了比较规范的分析与研判，并明确指出了导致该事故发生的"违"与"误"。为了提高读者的阅读兴趣，并加深对事故成因规律的认识，还聘请贺培善为每一事故案例绘制了彩色漫画。在此，编者谨对参与绘画的专家和工作人员表示由衷感谢。

本套教材系针对电力企业基层员工而量身定做，内容紧密结合工作实际，专业规范的分析与研判、生动形象的卡通人物、鲜活典型且类型齐全的案例警示，能切实促进广大一线员工增强安全意识、提高安全技能。

鉴于本书作者知识面及履历的局限性，书中的错漏之处在所难免，欢迎各位读者批评指正。

编　者

2015 年 3 月

|目 录|

前 言

第一部分

电力生产人身事故成因
综合分析及防治要点

第一章　人身伤亡事故分析规则

为了规范企业职工人身伤亡事故的调查分析与统计工作，我国制定了《企业职工伤亡事故分类》（GB6441—1986）和《企业职工伤亡事故调查分析规则》（GB6442—1986），这是企业进行人身事故调查分析与统计的最低标准与法律依据。为了帮助读者加深对两个国家标准和人身事故成因规律的理解，提高人身事故统计分析水平，切实发挥事故统计分析在反事故斗争中应有的作用，本节结合供电企业人身伤亡事故统计分析的实际需要，对人身事故统计分析的原理和规则作简要介绍。

一、人身事故统计分析原理

进行人身事故统计分析的根本目的是查找事故原因，探寻事故规律，为企业开展反事故斗争提供科学的决策依据。因此，加强对事故成因理论的学习和应用，对于提高企业反事故斗争的分析判断能力和决策水平有着不可替代的作用。

事故成因理论是关于事故的形成原因及其演变规律的学问，其研究领域包括事故定义、致因因素、事故模式、演变规律及预防原理。在安全系统工程理论体系中，事故成因理论处于核心地位，是进行事故危险辨识、评价和控制的基础和前提。

事故成因理论是一定生产力发展水平的产物，它伴随着工业生产的产生而产生，并伴随着工业生产的发展而发展。

事故成因理论的形成和发展，大体上可分为三个阶段，即以事故频发倾向论和海因里希因果连锁论为代表的早期事故成因理论、能量意外释放论理论和现代系统安全理论。

在现代，随着生产技术的提高和安全系统工程理论的发展完善，人们对不安全行为和不安全状态这两个最基本问题的认识也在不断地深化，并逐渐认识到管理因素作为背后原因在事故致因中的重要作用，认识到不安全行为和不安全状态只不过是问题的表面现象，而管理缺陷才是问题的根本，只有找出深层的管理上存在的问题和薄弱环节，改进企业管理，才能有效地防止事故。因此，以安全系统工程理论为导向，事故成因理论进入了一个全新的历史发展时期。在这一时期事故成因理论的主要代表如下所述。

1. 现代因果连锁理论

博德（Frank Bird）在海因里希事故因果连锁理论的基础上提出了现代事故因果连锁理论，其主要观点是：

（1）控制不足——管理。安全管理是事故因果连锁中一个最重要的因素。安全管理者应懂得管理的基本理论和原则。控制是管理机能(计划、组织、指导、协调和控制)中的一种机能。安全管理中的控制指的是损失控制，包括对人的不安全行为和物的不安全状态的控制，这是安全管理工作的核心。

（2）基本原因——起源论。起源论指的是要找出存在于问题背后的基本的原因，而不是停留在表面现象上。基本原因包括个人原因及工作条件两个方面。其中，个人原因包括知识、技能、生理、心理、思想、意识、精神等方面存在的问题；工作条件包括规程制度、设备、材料、磨损、工艺方法，以及温度、压力、湿度、粉尘、有毒有害气体、蒸汽、通风、噪声、照明、周围状况等环境因素。

（3）直接原因——征兆。直接原因是基本原因的征兆和表象，其包括不安全行为和不安全状态两个方面。

（4）事故——接触。从能量的观点把事故看作是人的身体或构筑物、设备与超过其阈值的能量的接触，或人体与妨碍正常活动的物质的接触。

（5）受伤—损坏——损失。伤害包括工伤、职业病，以及对人员精神方面的不利影响。人员伤害及财物损坏统称为损失。

现代因果连锁理论以企业为考察对象，对现场失误（不安全行为和不安全状态）的背后原因（管理失误或管理缺陷）进行了深入的研究，对于企业开展反事故斗争具有很高的指导作用。用系统的观点看问题，一个国家、地区的政治、经济、文化、科技发展水平等诸多社会因素，对事故的发生和预防也有着重要的影响，但这些因素的解决，已超出企业安全工作的研究范围，而充分认识这些因素在事故成因中的作用，综合利用可能的科学技术手段和管理手段来改善企业的安全管理，对于提高企业的反事故斗争水平，却有着十分重要的作用。

2. 轨迹交叉理论

随着生产技术的进步和事故致因理论的发展完善，人们对人与物两种因素在事故致因中的地位与作用，以及相互之间联系的认识不断深化，逐步形成并提出了轨迹交叉理论。

轨迹交叉理论认为，在生产过程中存在人的因素和物的因素两条运动轨迹，两条轨迹的交叉点就是事故发生的时间和空间。该理论将事故的发生发展过程描述为：基本原因→间接原因→直接原因→事故→伤害。两条轨迹的具体内容如下：

（1）人的因素运动轨迹为：①生理、先天身心缺陷；②社会环境、企业管理上的缺陷；③后天的心理缺陷；④视、听、嗅、味、触等感官能量分配上的差异；⑤行为失误。

（2）物的因素运动轨迹为：①设计上的缺陷；②制造、工艺流程上的缺陷；③维护保养上的缺陷；④使用上的缺陷；⑤作业场所环境上的缺陷。

值得注意的是，在许多情况下，人与物的因素是互为因果关系的，即物的不安全状态可以诱发人的不安全行为，人的不安全行为也可以导致物的不安全状态的发生和发展。因此，实际中的事故演变过程，并非简单地按照上面两条轨迹进行，而是呈现较为复杂的因果关系。

人与物两系列形成事故的系统如图 1-1 所示。

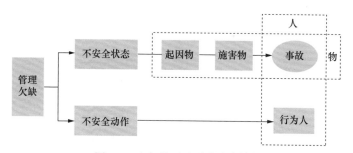

图 1-1　人与物两系列形成事故的系统

轨迹交叉理论突出强调以下两点：

（1）突出强调管理因素的作用，认为在多数情况下，由于企业的管理不善，使工人缺乏教育和训练，或者使设备缺乏维护、检修及安全装置不完备，导致了人的不安全行为或物的不安全状态。这与本书大量事故案例所反映的事实相吻合。

（2）在两条运动轨迹中，突出强调砍断物的事件链，提倡采用可靠性高、结构完整性强的系统和设备，大力推广保险系统、防护系统、信号系统及高度自动化和遥控装置。实践证明，这是一条切实可行并行之有效的防止伤害事故发生的途径。例如：我国电力系统在安装电气防误闭锁装置之前，电气误操作事故及其引发的人身伤害事故频发，而在防护闭锁装置得到普及之后，此类事故便大大减少。又如：美国铁路列车安装自动连接器之前，每年都有数百名工人死于车辆连接作业事故中，铁路部门的负责人把事故的责任归咎于工人的失误，而后来根据政府法令将所有铁路车辆都安装了自动连接器后，该类事故便大大地减少了。

3. 两类危险源理论

根据危险源在事故发生中的作用，可以把危险源划分为两大类。第一类危险源是生产过程中存在的可能发生意外释放的能量或危险物质，第二类危险源是导致能量或危险物质约束或限制措施失效的各种因素。

危险源理论认为，一起伤亡事故的发生往往是两类危险源共同作用的结果。第一类危险源是伤亡事故发生的能量主体，是第二类危险源出现的前提，并决定事故后果的严重程度；第二类危险源是第一类危险源演变为事故的必要条件，决定事故发生的可能性。两类危险源相互关联、相互依存。危险源辨识的首要任务是辨识第一类危险源，然后再围绕第一类危险源辨识第二类危险源。

基于两类危险源理论所建立的事故因果连锁模型如图1-2所示。

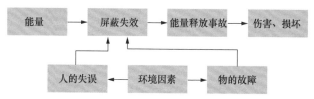

图 1-2　两类危险源事故因果连锁模型

在事故原因统计分析中，我国采用国际上比较通行的因果连锁模型，如图 1-3 所示。

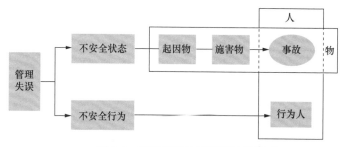

图 1-3　事故统计分析因果连锁模型

该模型着重分析事故的直接原因，即人的不安全行为和物的不安全状态，以及其背后的深层次原因——管理失误。

二、事故分析步骤

（1）整理和阅读调查材料。

（2）按以下七项内容进行分析。

1）受伤部位。指身体受伤的部位。

分类为：①颅脑：脑、颅骨、头皮。②面颌部。③眼部。④鼻。⑤耳。⑥口。⑦颈部。⑧胸部。⑨腹部。⑩腰部。⑪脊柱。⑫上肢：肩胛部、上臂、肘部、前臂。⑬腕及手：腕、掌、指。

⑭下肢：髋部、股骨、膝部、小腿。⑮踝及脚：踝部、跟部、跖部（距骨、舟骨、跖骨）、趾。

2）受伤性质。指人体受伤的类型。

确定的原则为：①应以受伤当时的身体情况为主，结合愈后可能产生的后遗障碍全面分析确定；②多处受伤，按最严重的伤害分类，当无法确定时，应鉴定为"多伤害"。

分类为：①电伤；②挫伤、轧伤、压伤；③倒塌压埋伤；④辐射损伤；⑤割伤、擦伤、刺伤；⑥骨折；⑦化学性灼伤；⑧撕脱伤；⑨扭伤；⑩切断伤；⑪冻伤；⑫烧伤；⑬烫伤；⑭中暑；⑮冲击；⑯生物致伤；⑰多伤害；⑱中毒。

3）起因物。导致事故发生的物体、物质，称为起因物。例如：锅炉、压力容器、电气设备、起重机械、泵、发动机、企业车辆、船舶、动力传送机构、放射性物质及设备、非动力手工具、电动手工具、其他机械、建筑物及构筑物、化学品、煤、石油制品、水、可燃性气体、金属矿物、非金属矿物、粉尘、梯、木材、工作面（人站立面）、环境、动物等。

4）致害物。指直接引起伤害及中毒的物体或物质。例如：煤、石油产品、木材、水、放射性物质、电气设备、梯、空气、工作面（人站立面）、矿石、黏土、砂、石、锅炉、压力容器、大气压力、化学品、机械、金属件、起重机械、噪声、蒸气、手工具（非动力）、电动手工具、动物、企业车辆、船舶等。

5）伤害方式。指致害物与人体发生接触的方式。分类为：①碰撞：人撞固定物体、运动物体撞人、互撞。②撞击：落下物、飞来物。③坠落：由高处坠落平地，由平地坠入井、坑洞。④跌倒。⑤坍塌。⑥淹溺。⑦灼烫。⑧火灾。⑨辐射。⑩爆炸。

⑪ 中毒：吸入有毒气体、皮肤吸收有毒物质、经口。⑫ 触电。
⑬ 接触：高低温环境、高低温物体。⑭ 掩埋。⑮ 倾覆。

6）不安全状态。指能导致事故发生的物质条件。

a. 防护、保险、信号等装置缺乏或有缺陷。①无防护：无防护罩、无安全保险装置、无报警装置、无安全标志、无护栏或护栏损坏、（电气）未接地、绝缘不良、风扇无消音系统、噪声大、危房内作业、未安装防止"跑车"的挡车器或挡车栏、其他。②防护不当：防护罩未在适当位置、防护装置调整不当、坑道掘进、隧道开凿支撑不当、防爆装置不当、采伐、集材作业安全距离不够、放炮作业隐蔽所有缺陷、电气装置带电部分裸露、其他。

b. 设备、设施、工具、附件有缺陷。①设计不当，结构不合安全要求：通道门遮挡视线、制动装置有缺欠、安全间距不够、拦车网有缺欠、工件有锋利毛刺和毛边、设施上有锋利倒棱、其他。②强度不够：机械强度不够、绝缘强度不够、起吊重物的绳索不合安全要求、其他。③设备在非正常状态下运行：设备带"病"运转、超负荷运转、其他。④维修、调整不良：设备失修、地面不平、保养不当、设备失灵、其他。

c. 个人防护用品用具缺少或有缺陷。①无个人防护用品、用具；②所用的防护用品、用具不符合安全要求。

d. 生产（施工）场地环境不良。①照明光线不良：照度不足、作业场地烟雾尘弥漫视物不清、光线过强。②通风不良：无通风、通风系统效率低、风流短路、停电停风时放炮作业、瓦斯排放未达到安全浓度放炮作业、瓦斯超限、其他。③作业场所狭窄。④作业场地杂乱：工具、制品、材料堆放不安全，采伐时未开

"安全道"，迎门树、坐殿树、搭挂树未作处理，其他。⑤交通线路的配置不安全。⑥操作工序设计或配置不安全。⑦地面滑：地面有油或其他液体、冰雪覆盖、地面有其他易滑物。⑧储存方法不安全。⑨环境温度、湿度不当。

7）不安全行为。指能造成事故的人为错误。

a. 操作错误，忽视安全，忽视警告。未经许可开动、关停、移动机器；开动、关停机器时未给信号；开关未锁紧，造成意外转动、通电或泄漏等；忘记关闭设备；忽视警告标志、警告信号；操作错误（指按钮、阀门、扳手、把柄等的操作）；奔跑作业；供料或送料速度过快；机械超速运转；违章驾驶机动车；酒后作业；客货混载；冲压机作业时，手伸进冲压模；工件紧固不牢；用压缩空气吹铁屑；其他。

b. 造成安全装置失效。拆除了安全装置；安全装置堵塞，失掉了作用；调整的错误造成安全装置失效；其他。

c. 使用不安全设备。临时使用不牢固的设施；使用无安全装置的设备；其他。

d. 手代替工具操作。用手代替手动工具；用手清除切屑；不用夹具固定、用手拿工件进行机加工。

e. 物体（指成品、半成品、材料、工具、切屑和生产用品等）存放不当。

f. 冒险进入危险场所。冒险进入涵洞；接近漏料处（无安全设施）；采伐、集材、运材、装车时，未离危险区；未经安全监察人员允许进入油罐或井中；未"敲帮问顶"开始作业；冒进信号；调车场超速上下车；易燃易爆场合明火；私自搭乘矿车；在绞车道行走；未及时瞭望。

g. 攀、坐不安全位置（如平台护栏、汽车挡板、吊车吊钩）。

h. 在起吊物下作业、停留。

i. 机器运转时加油、修理、检查、调整、焊接、清扫等工作。

j. 有分散注意力行为。

k. 在必须使用个人防护用品用具的作业或场合中，忽视其使用。未戴护目镜或面罩；未戴防护手套；未穿安全鞋；未戴安全帽；未佩戴呼吸护具；未佩戴安全带；未戴工作帽；其他。

l. 不安全装束。在有旋转零部件的设备旁作业穿过肥大服装；操纵带有旋转零部件的设备时戴手套；其他。

m. 对易燃、易爆等危险物品处理错误。

（3）确定事故的直接原因。

（4）确定事故的间接原因。

（5）确定事故责任者。

三、事故原因分析

1. 直接原因

（1）物的不安全状态。

（2）人的不安全行为。

2. 间接原因

管理缺陷或管理失误：①技术和设计上有缺陷——工业构件、建筑物、机械设备、仪器仪表、工艺过程、操作方法、维修检验等的设计、施工和材料使用存在问题。②教育培训不够，未经培训，缺乏或不懂安全操作技术知识。③劳动组织不合理。④对现场工作缺乏检查或指导错误。⑤没有安全操作规程或不健全。⑥没有或不认真实施事故防范措施,对事故隐患整改不力。⑦其他。

3. 分析步骤

在分析事故时,应从直接原因入手,逐步深入到间接原因,从而掌握事故的全部原因,再分清主次,进行责任分析。

四、事故责任分析

事故责任分析的目的,在于分清责任,作出处理,使企业领导和职工从中吸取教训,改进工作。

（1）根据事故调查所确认的事实,通过对直接原因和间接原因的分析,确定事故中的直接责任者和领导责任者。

（2）在直接责任者和领导责任者中,根据其在事故发生过程中的作用,确定主要责任者。

（3）根据事故后果和事故责任者应负责任提出处理意见。

五、事故结案归档材料

当事故处理结案后,应归档的事故资料如下:①职工伤亡事故登记表;②职工死亡、重伤事故调查报告书及批复;③现场调查记录、图纸、照片;④技术鉴定和试验报告;⑤物证、人证材料;⑥直接和间接经济损失材料;⑦事故责任者的自述材料;⑧医疗部门对伤亡人员的论断书;⑨发生事故时的工艺条件、操作情况和设计资料;⑩处分决定和受处分的人员的检查材料;⑪有关事故的通报、简报及文件;⑫注明参加调查组的人员姓名、职务、单位。

事故资料是进行安全教育的宝贵教材。它揭示了生产劳动过程中的危险因素和管理缺陷，对生产、设计、科研工作都有指导作用。同时，它也是制定安全规章制度和反事故措施的重要依据。建立必要的制度，认真保存好事故档案，发挥其应有作用，是搞好安全生产工作的重要环节。

第二章 电力生产人身事故类型、特性及防治要点

一、电力生产人身事故类型

进行事故分类的目的是为了更好地认识和掌握事故规律。科学的事故分类能使事故管理工作做到系统化和有序化，从而极大地提高人们的认识效率和工作效率。

由于人身事故的属性是多方面的，因而分类的方法也是多种多样，在不同的情况下，可以采用不同的分类方法。具体采用何种方法，要视表述和研究对象的情况而定。

进行事故分类的四项基本原则是：①最大表征事故信息原则；②类别互斥原则；③有序化原则；④表征清晰原则。

本书从进行电力生产人身事故成因及典型案例分析的需要出发，在事故类型上采用国家电网公司《〈电力生产事故调查规程〉事故（障碍）报告统计填报手册》（2006-1-1 实施）的分类方法。该方法按照造成人员第一伤害的直接原因，将电力生产人身事故分为 21 个类型。这 21 个事故类型的名称及含义如下：

（1）触电。指电流流经人身造成的生理伤害。包括在生产作业场所发生的直接、间接、静电、感应电、雷电、跨步电压等各种触电方式所造成的伤害。触电后如发生高处坠落、电灼伤、淹溺等第二伤害，均统计为触电事故，而不按第二伤害的类型统计为高处坠落、灼烫伤、淹溺等事故。

（2）高处坠落。指由于危险重力势能差所引起的伤害。主要指高处作业所发生的坠落，也适用于高出地面的平台陡壁作业及地面失足坠入孔、坑、沟、升降口、料斗等坠落事故。不包括触电或其他事故类别引发的坠落事故。

（3）倒杆塔。指因输配电线路杆塔倾倒而使现场人员受到的伤害。GB 6441—1986 中无此分类，向政府安全生产监督管理部门上报时，可根据实际情况按高处坠落、物体打击或起重伤害事故类别处理。

（4）物体打击。指因落下物、飞来物、滚石、崩块等运动中的物体所造成的伤害。包括砍伐树木作业发生"回头棒"、"挂枝"伤害和锤击等。不包括因倒杆塔和爆炸引起的物体打击。

（5）机械伤害。指各种机械设备和工具引起的绞、碾、碰、卷扎、割戳、切等造成的伤害。不包括车辆、起重、锅炉、压力容器等已列为其他事故类别的机械设备所引起的伤害。

（6）起重伤害。指从事起重作业时引起的机械性伤害。抓煤机、堆取料机及电动葫芦、千斤顶、手拉链条葫芦、卷扬机、线路的张力机等均属于起重机械。起重作业时，由于起重机具、绳索及起重物等与人体接触所造成的机械性伤害，均应统计为起重伤害，而不应统计为其他事故类别。

（7）车辆伤害。指凡生产区域内及进厂、进变电站的专用道路或乡村道路（交通部门不处理事故的道路）发生机动车辆（含汽车类、电瓶车类、拖拉机类、有轨车辆类、施工车辆类等）在行驶中发生挤压、坠落、撞车或倾覆，行驶时人员上下车，发生车辆运输挂摘钩、车辆跑车等造成的人员伤亡事故；本企业负有"同等责任"、"主要责任"或"全部责任"的本企业职工伤亡事故，应作为电力生产事故统计上报。若车辆伤害不涉及其他企业，则不论责任如何认定（含受伤害职工本人负有责任）均应统计为本企业电力生产事故。

（8）淹溺。指大量水经口、鼻进入肺，造成呼吸道阻塞，发生急性缺氧而窒息死亡。

（9）灼烫。指火焰烧伤、高温物体烫伤、化学灼伤（酸、碱、盐、有机物引起的体内外灼伤）、物理灼伤（光、放射性物质引起的体内外灼伤），不包括电灼伤和火灾引起的烧伤。

（10）火灾。企业中发生的在时间和空间上失去控制的燃烧所造成的人身伤害。

（11）坍塌。建筑物、构筑物（含脚手架）、堆置物料倒塌及土石方塌方引起的伤害。不适于车辆、起重机械、爆破引起的坍塌。

（12）放炮。指爆破作业中发生的人身伤害。

（13）中毒和窒息。在生产条件下，毒物进入机体与体液，细胞结构发生生化或生物物理变化，扰乱或破坏机体的正常生理功能。食物中毒和职业病均不列入本事故类别。

（14）刺割。指工作时钉子戳入脚，身体被金属或刀片快口割破。GB 6441—1986 中无此分类，向政府安全生产监督管理部门上报时，可按其他事故类别处理。

（15）道路交通。凡职工（含司机及乘车职工）在从事与电力生产有关的工作中，发生的由公安机关调查处理的道路交通事故，且在《道路交通事故责任认定书》中判定本方负有"同等责任"、"主要责任"或"全部责任"，则本企业职工伤亡人员作为电力生产事故。本企业车辆造成他方车辆损坏或人身伤亡、道路行人、骑车人伤亡，仅向道路交通部门报，电力生产不予统计。

（16）跌倒。指由于跌到而造成的人身伤害。

（17）扭伤。指由于用力不当造成腰间盘脱出、骨关节脱位、肌肉拉伤、肌肉撕裂等伤害。

（18）动物伤害。指由于动物或昆虫造成的伤害。

（19）受压容器爆炸。指锅炉汽水受热面爆破、汽水压力管道、生产性压力容器（除氧器、加热器、压缩气体储罐、氢罐等）发生的物理性爆炸（容器壁破裂）和化学爆炸。

（20）其他爆炸。指所有除火药、锅炉、压力容器、气瓶爆炸以外的爆炸事故。如可燃气体（乙炔、氢、液化气、煤气等）、可燃性蒸气（汽油、苯）、可燃性粉尘（镁、锌粉、棉麻纤维、煤尘等）与空气混合引起的爆炸。锅炉燃烧室爆炸（炉膛放炮）也属此类事故。

（21）其他。指凡不能列入上述类别的伤亡事故。

对于以上事故类型的形成原因，本书将依据事故分类四项基本原则，并结合电力生产事故调查分析的实践经验和典型事故案例进行细分类。

二、电力生产人身事故成因基本特性

1. 集中性

根据历年事故统计资料分析，在《〈电力生产事故调查规程〉事故（障碍）报告统计填报手册》所列的 21 个事故类型中，主要集中在触电、高处坠落、倒杆、物体打击和起重伤害五种事故类型上。这种集中性，很显然地是由电力生产的核心业务内容及其行业特征所决定的。

以本书作者曾经收集的 451 个事故案例为例，各类事故所占的比重如表 2-1 所示。

表 2-1　　　　　　　供电企业人身事故分类统计表

事故类别	触电	高处坠落	倒杆	物体打击	起重伤害	其他	合计
事故次数	238	70	39	29	25	50	451
比重（%）	52	16	9	6	6	11	100

2. 倾向性

倾向性包括人的倾向性和单位（部门）的倾向性。人的倾向性指的是人身事故的肇事者和伤亡人员具有十分相近的素质特征，即绝大多数的事故都发生在青工、临时工、外包工、民工、农电工等素质水平较低的人员身上。单位或部门的倾向性指的是事故多发生在工作任务比较繁重或安全管理比较薄弱的单位或部门，输、配、变三个专业的人身事故大约占企业事故总数的 95%。

以本书作者曾经收集的 451 个事故案例为例，电力生产各专业人身事故所占的比重如表 2-2 所示。

表 2-2　　　　　　　供电企业人身事故专业分类统计表

专业类别	变电	输电	配电	其他	合计
事故次数	134	163	127	27	451
比重（%）	30	36	28	6	100

3. 季节性

由于电力生产的生产活动受季节的影响比较大，因而其人身事故的发生也带有一定的季节性。与设备事故的季节性不同的是，设备事故的季节性受自然因素的影响比较大，而人身事故的季节性则主要受生产活动频度的影响，也就是说在工作比较繁忙的季节，发生人身事故的概率比较大。

以本书作者曾经收集的 451 个事故案例为例，电力生产人身伤亡事故月（季）度统计表如表 2-3 所示。

表 2-3　　　　供电企业人身伤亡事故月（季）度统计表

月份	1	2	3	4	5	6	7	8	9	10	11	12
次数	36	29	37	47	43	45	51	38	37	32	37	19
季度合计		102			135			126			88	
比重(%)		23			30			28			19	

4. 违误性

电力生产的人身事故几乎百分之百地与"违"、"误"二字有关。

"违"与"误"是不安全行为和管理缺陷的本质特征，是导致各种不安全因素滋生、滋长并演变为事故的最活跃、最直接的因素，本书的事故案例分析十分清楚地反映了这一点。

5. 多因性

多因性指的是某一事故的发生往往是由多方面的因素造成的，除了与不止一种的不安全行为和不安全状态相关以外，还与不止一种的管理因素有关。纯属某一人或某一元素造成的事故案例几乎不存在。这一点在本书的事故案例分析中也可以看得十分清楚。

6. 潜伏性

由于事故的多因性，事故的形成往往需要一定的潜伏期，以等待激发因素的出现。从事故分析中也可以清楚地看到这一点，即一次事故的发生往往是一系列关口失守和各种不安全因素长期积累的结果。从一定意义上说，事故的这种潜伏性既是习惯性违章产生的原因，也是习惯性违章的必然结果。

7. 可控性

通过对事故案例的分析，人们不难发现，导致事故的直接原因其实都很简单，并不存在无法逾越的技术难题，只要当初真正用心提防，所有的事故都是可以控制和避免的。

8. 重复性

重复性指的是同类型事故在相同或不同时空重复出现的现象。事故的重复性是企业对事故安全教育重视不够的必然结果。如果企业能够组织职工认真学习相关事故资料，并注意从事故案例中吸取教训、举一反三、查找隐患、采取防范措施，那就不可能导致事故的重复发生。

三、电力生产人身事故防止要点

电力生产的反事故斗争应以现代事故成因理论为依据，以安全系统工程理论为导向，牢固树立科学发展观，认真做好宏观控制与微观控制两篇文章。宏观控制指的是企业反事故斗争的总体思路与对策，微观控制指的是针对具体的事故类型而采取的控制措施和方法。本节主要探讨宏观控制的问题。

1. 依据人机环境系统本质安全化原理，实现生产要素的优化配置及和谐运转

人机环境系统本质安全化，指的是在一定技术经济条件下，通过改善企业的安全管理，将人机环境系统建设成为各生产要素安全性品质最佳匹配的系统。也就是说，人机环系统本质安全化追求的目标，是系统整体安全品质的最佳化，是各生产要素之间的和谐相处，而并非某一个别要素的高标准。很显然，要实现这一目标，管理机制是决定因素。

实现生产要素优化配置的基本流程如图 2-1 所示。

图 2-1　人机环境系统生产要素优化配置流程

图 2-1 中各节点和流程的含义如下：

（1）优化物质条件。

优化物质条件指的是企业的设备、机械、物料、作业环境及劳动防护用品等物质条件的安全品质，应在满足国家或行业标准的基础上，通过技术经济比较，尽量采取先进技术，使之不断得到提高，并通过维护保养来保证其安全品质的稳定性。物质条件的优化是生产要素优化配置的前提和基础。

（2）完善行为规范。

企业应在现有的物质条件下，通过系统安全分析，建立健全安全规章制度和操作规程，有针对性地制订现场安全措施，以使企业的各项生产活动做到有章可循、规范有序。

（3）宣贯行为规范。

行为规范产生后，企业应通过各种行之有效的方式方法，加强教育培训和考核工作，以使全体职工牢牢掌握其应知应会的全部规范内容，不留任何漏洞和薄弱环节。

（4）实施行为规范。

企业的全体职工均应严格按行为规范办事，做到有章必依。

（5）实施监督管理。

在企业实施行为规范的过程中，企业的领导和管理人员应加强监督管理，做到执法必严，奖惩严明。

（6）数据处理。

企业在实施行为规范的过程中，应注意积累各种数据资料，并定期进行数据分析与处理，从中提取有用信息，为企业优化物质条件和完善行为规范提供决策依据。

2. 用懂、慎、真的安全意识和严、细、实的工作作风加强职工队伍建设

懂、慎、真的安全意识和严、细、实的工作作风是生产安全行为的本质和精髓，是不安全行为和不安全状态的克星。严、细、实的工作作风已提倡多年，而懂、慎、真的安全意识则是本书作者比较新颖的提法，其基本含义是：懂是指对所办事情的相关知识、信息了解、明白、掌握、在行；慎是指一个人在办事的过程中应怀有忧患意识，要谨慎、当心、用心；真是指要有说真话、办实事和实事求是的精神。

明白了上述含义，就不难理解用懂、慎、真的安全意识和严、细、实的工作作风加强职工队伍建设的必要性和重要性。

3. 有针对性地开展危险点分析与控制

由于电力生产的生产活动，尤其是输配电线路作业带有较大的随机性，因此不可能将所有行为规范都标准化，而必须根据不同的作业时间、地点、人员、工作内容及环境条件采取有针对性的控制措施，这就需要经常地有针对性地开展危险点分析与控制。

危险点分析与控制指的是在施工作业前，针对某一特定的生产活动，通过一定的方法和途径，运用安全系统工程的理论与方法，从生产要素（人、物、环境、管理和程序）的各个方面、环节及部位，对作业中可能出现的危险点及其演化为事故的必要条件进行分析判断，从而有针对性地采取控制措施，并在实际工作中认真贯彻执行，以防止各种生产安全事故的发生，达到安全生产的目的。

在进行危险点分析与控制时，应注意运用"六点两面五要素"的理念对各生产要素进行一次全方位的搜索或扫描。这样做的好处是可以弥补人们在思考问题时可能存在的某种局限性，避免孤立、静止、片面地看问题，能抓住问题的重点和关键，提高办事的效益和效率。但应切忌思维方式的绝对化，要正确处理一般与特殊、共性与个性的关系，既要注意掌握同类型工作危险点控制的一般规律，又要善于结合现场实际，做到具体问题具体分析，以增强措施的针对性和实效性。

"六点两面五要素"的理念指的是在进行危险点分析与控制的过程中，应以"六点"和"两面"作为观察、分析问题的方法和视角，而以"五要素"作为观察、分析问题的对象或客体，进行全方位、多视角的分析研究，有重点、有针对性地采取防范措施。

"六点"的名称和基本含义是：

（1）重点。指在某一特定的生产活动中影响安全的主要矛盾和矛盾的主要方面。

（2）要点。指可能导致某种事故发生的关键或激发因素。

（3）疑点。指某项施工作业所涉及的而尚未被认识的技术问题，例如新技术、新工艺、新设备、新材料的技术性能和参数，以及在施工作业过程中发生的某些异常现象等。

（4）难点。指安全生产中遇到的难度较大的技术、安全问题，或不良作业环境为施工作业带来的各种问题和困难。

（5）弱点。指各生产要素及其组合方式中存在的不足和薄弱环节。

（6）盲点。指施工中突然出现的出乎当事人意料的各种问题和不安全因素。

"两面"指的是在进行危险点分析与控制时，应从宏观和微观两个方面进行观察与思考。不要只见树木不见森林，也不可只见森林不见树木。

"五要素"指的是人、物、环境、管理和程序（办事规则）这五个基本要素。其中，管理指的是与现场作业相关联的组织、指挥、控制、协调、监督、指导等管理性工作；办事规则指的是现场作业的程序和方法，它好比电脑的程序软件，是现场各生产要素有序运作的灵魂。

用"六点两面五要素"的理念进行危险点分析与控制，可以避免盲目性，增强针对性；避免片面性，增强全面性；避免孤立性，增强系统性，收到事半功倍的效果。

4. 用辩证唯物主义和系统论的观点，正确认识各生产要素在事故成因中的地位与作用

成因理论的本质特征，是分析研究各生产要素在事故成因中的地位和作用及其相互之间的联系。与这一本质特征相适应的研究方法，是辩证唯物主义和现代安全系统理论。

（1）应全面、系统、实事求是地分析评价各生产要素，包括人、物、环境和管理，在事故成因中的地位和作用，而不应有任何的偏废或疏漏。

（2）应辩证地看待各生产要素之间的联系和作用，而不应孤立、片面、机械地强调某一个方面而否定另一个方面。人的不安全行为可以造成物的不安全状态，物不安全状态也可以引发人的不安全行为，甚至于一个事物本身就同时具有不安全行为和不安全状态两种属性。例如：停电作业中不采取验电接地措施，从人的角度看，它是一种不安全行为，而从物的角度看，则又是一种不安全状态。又如：杆塔的登高设施不完善是一种不安全状态，而登高作业人员如因登高设施的不完善而导致动作失误，则又演变为一种不安全的行为。在管理与人、物的关系上也是如此。一方面，管理因素是不安全行为和不安全状态的根源和控制因素，另一方面，不安全行为和不安全状态又可反作用于管理，成为改进管理的压力与动力。因此，各生产要素之间在客观上存在着一种既相互矛盾又相互依存的对立统一关系。

（3）应在系统分析的基础上，明确各生产要素在事故成因中的层次性及相互之间的基本对应关系。这种关系如图 2-2 所示。

图 2-2　企业人身伤亡事故因果连锁系统总流程图

图 2-2 中各节点及流程的基本含义如下：

（1）社会环境。主要指来自社会各方面的能够对企业的正常生产秩序产生干扰或影响的各种因素，主要表现为各种突发性事件。例如在停电检修工作中突然因某种原因而必须提前恢复送电，以及在线路施工作业中发生的各种社会纠纷等。

（2）管理缺陷。指能导致人的不安全行为和物的不安全状态的管理因素。

（3）人的不安全行为。指作业现场各类人员能导致人身伤害事故的作为或不作为。

（4）物的不安全状态。指能导致人身伤害事故的设备、施工机具、物料及作业环境中存在的不安全因素。

（5）意外释放。指能量或有害物质的意外释放。应注意的是，能量的意外释放既包括实物所具有的能量，也包括人体所具有的能量，例如在坠落、摔跌、碰撞事故中，人体势能和动能的意外释放等。

（6）人体接触。指人体与有害物质或能量的接触。如果这种接触不存在，即使有能量和有害物质的意外释放，也不会造成人员伤害事故。

（7）伤害事故。如果前面各节点均被攻破，则不可避免地会产生本节点所包括的各种人身伤亡事故。

5. 抓住引发事故的要害因素"违"与"误"

依据企业生产活动的时空特征，可将其分为重复性事件和随机性事件两大部分。重复性事件的行为规范可以形成统一的标准，即国家标准、行业标准和企业标准（含规程制度）；而随机性事件的行为规范则无法形成统一的标准，只有通过制订针对性的措施，才能达到规范行为的目的。因此，"标准"与"措施"实际上就是企业安全生产行为规范的代名词。如果拒不执行这些事先订立的"标准"或"措施"，那就是"违"；如果在执行的过程中，由于执行者的思想、知识、生理、心理和精神状态因某种不良因素的干扰而出现非故意性的差错，或者"标准"与"措施"本身也存在某些不够完善甚至错误的地方，那就是"误"。

"违"与"误"的共性是它们都偏离了事物发展所应遵循的正确轨道即客观规律。而两者的个性则在于，"违"的偏离有明确的对象（事先订立的"标准"或"措施"），因而带有明显的故意性和习惯性，是一个思想认识和工作态度问题；而"误"的偏离则是一种不自觉的行为，即当事人的所作所为只是凭直觉或经验办事，并没有明确的依据，因而带有较大的盲目性和随机性，是一个知识水平和工作能力问题。

实践证明，"违"与"误"是人身事故的基本属性之一，是引发事故的最直接、最关键的因素，在本书所列的事故案例中，无一不是由"违"或"误"造成的。因此，企业的反事故斗争必须紧紧抓住反"违"与治"误"这个要害因素。

"违"与"误"的关系是辩证统一的关系，即违中有误，误中有违，误是根本，违是关键，互为因果，密不可分。只提反违章，不提反误，实际上带有较大的片面性。这是因为，如果从本质上看问题，违实际上也是一种误的表现，而所谓的"章"也存有误的可能性。因此，反违不反误，病根未抓住；反误不反违，难以有作为。只有将"违"与"误"结合起来，才能正确全面地解释事故成因规律。

6. 正确理解"事故＝必然因素＋偶然因素"的含义

事故是一个概率事件。事故概率的大小取决于事物的必然性和偶然性两个方面。因此，可以说事故是存在于相应事物之中的某种必然因素和偶然因素综合作用的结果。

必然因素指的是事故发生前就已经存在于作业现场的不安全行为和不安全状态。这种因素虽然是事故发生的必要条件，但在通常情况下只表现为一种危险，而不一定立即演变为事故，人们常说的习惯性违章就是这样一种危险。而偶然因素则是指尚未被当事者认识的能够在某种特定条件下导致事故发生的因素。由于人们认知能力的局限性，这种偶然因素实际上是一种无法完全避免的因素。因此，要想使上述公式中的事故不成立，就必须彻底清除可能导致事故发生的"必然因素"（某种特定条件）。这是上述公式中所蕴含的具有深刻哲理的真正含义。正确理解这一含义，对于牢固树立安全风险防范意识，努力实现生产要素的本质安全化，具有十分重要的现实意义。

综上所述，可以将人身事故的防止对策归纳为四句话，即：加强管理是根本，防止违章是关键，必然偶然须认清，理念正确方安全。

第三章 电力生产高处坠落事故类型、形成机理及防止对策

一、电力生产高处坠落事故基本类型

GB/T 3608—2008《高处作业分级》规定，凡在坠落高度基准面 2m 以上（含 2m）有可能坠落的高处进行的作业为高处作业。在电力生产中，高处作业的形式主要包括登高作业、悬空作业、洞口作业和临边作业四种类型。

登高作业，指的是借助于登高工具或设施，在攀登的条件下进行的作业，例如在杆塔、构架、梯凳上的作业等。

悬空作业，指的是在周边临空状态下，无立足点或无牢靠立足点的条件下进行的高处作业，例如杆塔或建筑构件的吊装，以及架空线上的附件安装等作业。

洞口作业，指的是在各类孔洞附近的作业，例如在楼梯口、电梯井口、预留洞口、通道口附近进行的作业等。JGJ 80—1991《建筑施工高处作业安全技术规范》中规定，在水平面上短边尺寸小于 25cm 或在竖直面上高度小于 75cm 的均称为孔；等于或大于该尺寸的均称为洞。

临边作业，指的是在工作面的边缘没有围护设施或围护设施的高度低于 80cm 的情况下进行的高处作业，例如在基坑周边、无栏杆的阳台、无扶手栏杆的楼梯段、卸料平台的周边、未砌围护墙的楼层周边及屋顶边缘进行的作业等。

根据事故分类原则及导致高处坠落的主要原因，可将电力生产高处坠落事故分为以下 10 种类型：

（1）防护措施缺失。指在登高或悬空作业中，因未采取防护措施，例如不使用安全带等，所导致的高处坠落事故。

（2）防护措施不当。指在登高或悬空作业中，因防护措施不当，例如安全带的扣环未扣好或将安全带系在不牢靠的物件上等，所导致的高处坠落事故。

（3）使用不合格工具。指在登高或悬空作业中，因使用不合格的安全防护用品和登高作业工具，例如不使用双功能安全带或安全带有缺陷等，所导致的高处坠落事故。

（4）当事人失误。指登高或悬空作业人员在攀登、转移或作业的过程中，由于本人动作不正常或不符合作业规范（不包括突发性生理障碍）所造成的高处坠落事故。

（5）设备或机械故障。指在登高或悬空作业中，因设备、设施缺陷或载人机械故障所导致的高处坠落事故。

（6）突发性生理障碍。指在登高或悬空作业中，因出现突发性生理障碍，例如高血压、心脏病、贫血病、癫痫病、糖尿病等疾病的突然发作，所造成的坠落事故。

（7）洞口临边作业安全隐患。指在洞口或临边作业中，因防护措施不完备或人员失误所造成的坠落事故。

（8）砍树过失。指在砍剪树木的作业中，因防护措施不完备或人员失误所造成的坠落事故。

（9）踩踏不牢靠屋顶。指在石棉瓦、彩瓦等不牢靠的屋顶上作业或行走，因屋顶破损所造成的坠落事故。

（10）冒险蛮干。指在高处作业中，因故意采取非正规且带有明显危险倾向的行为所造成的坠落事故。

二、高处坠落事故的基本特点及形成机理

1. 高处坠落事故的基本特点

（1）高危性。高危性指的是高处坠落事故发生的频率和死亡率均比较高，约占建筑施工全部事故的六成以上。在电力生产，如按现有事故类型统计，其仅次于触电事故而名列第二。但是，如果将触电、倒杆和起重工作中的坠落伤害也统计在内，则坠落事故仍高居电力生产各类事故的榜首。而在触电坠落事故中，高处坠落往往是造成死亡后果的主要原因。

（2）倾向性。从发生高处坠落事故的主客体来看，高处坠落事故具有明显的倾向性，即其客体主要集中在输配电专业中的登杆作业，其主体则主要集中在 20 ～ 45 周岁的人员。造成这种倾向性的根本原因是这些企业的人员从事高处作业的频率高、时间长，而其管理素质和人员素质又相对偏低。

（3）违误性。根据统计资料分析，高处坠落事故的发生主要取决于作业人员的临场竞技状态，即工作人员动作行为的规范性。绝大多数高处坠落事故都是因为不懂操作技术、违反操作规程或劳动纪律、安全防护措施缺失或不当所造成的。

2. 高处坠落事故形成机理

依据能量意外释放理论及上述分析，高处坠落事故的形成机理如图 3-1 所示。

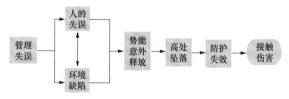

图 3-1　高处坠落事故成因模型

图 3-1 中各节点及流程的含义如下：

（1）管理失误。管理失误是造成人的失误和环境缺陷的深层次的因素，例如：劳动组织不合理；安全教育不到位；防护措施不完备；人员安排不当；恶劣天气冒险作业等。

（2）人的失误。人的失误是造成高处坠落最直接、最重要的原因，例如：安全防护措施缺失或不当；使用不合格工具；砍树过失；踩踏不牢靠屋顶；冒险蛮干；突发性生理障碍；其他各种不规范的动作等。人的失误往往会导致微环境缺陷的产生。

（3）环境缺陷。环境缺陷包括大环境缺陷和微环境缺陷两个方面。大环境缺陷指的是作业时的气象条件，如高温、低温、雨雪、覆冰等不良气候条件；小环境缺陷指的是直接影响作业人员稳定性的因素，如设备缺陷、洞口作业安全隐患、临边作业安全隐患等。环境缺陷是引发人的失误的重要客观条件。

（4）势能意外释放。势能意外释放指人体失去控制时所具有的运动趋势。

（5）高处坠落。高处坠落指人体失去控制后所形成的运动形态，如坠落、摔跤等。

（6）防护失效。防护失效指未采取防护措施或防护措施不完备、不适当。例如：安全带、安全帽、安全网、安全围栏不符合要求等。安全帽虽不能防止高处坠落的发生，但能够限制其伤害的严重程度。

（7）接触伤害。人在坠落的过程中与其他物体相接触的部位和方式，是决定伤害后果及其严重程度的关键因素。

3. 高处坠落事故防止对策

根据以上分析，电力生产高处坠落事故的防止对策是，加强企业的安全管理，严格按规定对登高作业人员的进行基本功训练和体格检查，以保证其基本功和身体素质与所从事的工作相适应。同时，还应加强高处作业现场的安全管理，严禁违章作业、疲劳作业、带病作业和冒险蛮干，并根据高处作业的类型和现场实际，有针对性地采取以下技术防范措施。

（1）登高及悬空作业。登高及悬空作业防止人身坠落事故的要点是，严格把好以下三关：

1）危险排查关。把好危险排查关的要点是，必须做到三个检查核实，即必须检查核实所登设备或物件确无倾倒或损坏的危险；必须检查核实登高工具、登高设施和安全防护用品处于合格及完好状态；必须检查核实安全带系挂的位置确实安全可靠。

2）行为规范关。把好行为规范关的核心是，加强基本功训练，提高规程规范意识，严格执行《安规》和现场安全措施，坚决克服各种习惯性违章行为。

3）安全防护关。把好安全防护关的关键是：严格按《安规》要求完善现场安全防护措施，正确使用"三宝"（安全帽、安全带、安全网或保护绳）。

（2）洞口及临边作业。洞口及临边作业防止坠落事故的要点是，严格按相关规程制度的要求并结合现场实际落实安全防护措施。其措施内容主要包括设置防护栏杆、盖板、安全门，以及张挂安全网等方式。

在落实防护措施时，应注意措施的针对性和规范性，做到正确、完备。例如：对于 1.5m×1.5m 以下的孔洞应加盖固定盖板；对于 1.5m×1.5m 以上的孔洞，四周必须设置防护栏杆，中间支挂水平安全网；进行临边作业时，必须设置防护栏杆和安全网；在野外进行挖坑作业时，应在坑口四周设置安全围栏，并及时清除坑口附近的浮土、石块，禁止外人在坑边逗留等。

第二部分

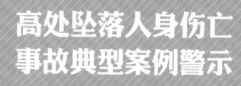

高处坠落人身伤亡
事故典型案例警示

一、安全防护措施缺失

1. 湖北 820611 某低压线路接火，木梯安置不牢靠且无人扶持，板车挂住导线、拉倒木梯，一人坠地死亡

【事故经过】

1982 年 6 月 11 日，湖北省某城关供电所负责人与陈××等 3 人在县委门口进行低压线接火时，将木梯搭靠在水泥杆上。在工作的过程中，有一根横放在道路上的导线被过路板车挂住，该导线又将木梯拉倒，导致陈××从梯上坠地死亡。

【事故原因】

（1）直接原因。

1）不安全行为。

陈××在无人监护的情况下，在不牢靠的木梯上进行搭

火作业。

2）不安全状态。

a. 搭靠在水泥杆上的木梯无人扶持或绑牢。

b. 在城关街道边工作，不仅不设置安全围栏，而且还将一根导线横放在道路上，导致该导线被过路板车挂住，并将梯子拉倒，致使梯上工作人员坠地身亡。

（2）间接原因（管理缺陷）。

施工单位对职工的安全教育不到位，安全管理不严，导致作业人员安全生产意识淡薄，习惯性违章未得到克服，现场安全措施存在严重缺陷和漏洞。

【事故中的"违"与"误"】

（1）"违"的主要表现。

上述不安全行为和不安全状态违反了《安规》中工作监护制度及杆、塔上工作的有关规定。

（2）"误"的主要表现。

现场作业人员对临街作业的危险性估计不足，安全意识淡薄，导致作业现场管理混乱，安全措施出现严重缺陷。

2. 湖北 840328 某 35kV 变电站清扫构架，无人监护，不系安全带，不戴安全帽，坠地死亡

【事故经过】

1984 年 3 月 28 日，湖北省某 35kV 变电站值班员周××，在清扫某 6kV 线路室外 TV、TA 及避雷器的工作中，未系安全带，不戴安全帽且无人监护，不慎从 4.5m 的构架上坠地，耳、鼻、口出血，颅内血肿，颅底骨折，经抢救无效死亡。

【事故原因】

（1）直接原因。

1）不安全行为。

a. 周 ×× 从事高处作业不系安全带，不戴安全帽。

b. 工作负责人不履行监护职责。

2）不安全状态。

a. 设备构架上无可靠立足点，存在高处坠落的危险性。

b. 现场安全设施不健全，安全带无适当的位置可打。

（2）间接原因（管理缺陷）。

事故单位安全管理不严，安全教育培训不到位，职工队伍安全意识淡薄，劳动纪律松弛，习惯性违章严重。

【事故中的"违"与"误"】

（1）"违"的主要表现。

以上不安全行为违反了《安规》中工作监护制度，以及戴安全帽和系安全带的有关规定。

（2）"误"的主要表现。

周××缺乏自我保护意识，操作不谨慎，并出现失误。

3. 北京 060125 某 500kV 试验铁塔拆除工程，现场安全设施及安全措施不全，攀登高塔时失去保护，坠地死亡

【事故经过】

2006 年 1 月 25 日上午 10 时 5 分，在北京某杆塔试验基地拆除 500kV 试验塔的施工中，四川省某电建公司送电工曲××（彝族，临时工）在攀爬铁塔的过程中，由于未采取防坠措施，从铁塔上约 42m 高处坠地死亡。

【事故原因】

（1）直接原因。

1）不安全行为。

作业人员在攀登铁塔的过程中，未采取相应的防坠措施，动作失稳，从高处坠落。

2）不安全状态。

铁塔未安装防坠装置，工作现场也未采取其他保护措施。

（2）间接原因（管理缺陷）。

1）作业人员的安全生产意识和自我保护意识淡薄，以致在攀登铁塔时失去相应的防坠保护。

2）施工单位疏于安全管理，现场安全监察不到位，对于登高过程中的安全防护，没有明确的措施和要求。

3）发包单位对外包单位资质审查不严，虽然施工单位只具有送变电二级施工资质，不能承接 500kV 输电线路铁塔的施工，但仍与之签订承包合同，且部分条款有欠严谨，存在漏洞。

4）发包单位没按有关规定对承包方负责人、工程技术人员和安监人员进行全面的安全技术交底，缺乏完整的记录。没有形成常态的现场安全监督机制，很少进行专门的安全技术交底，很少检查承包方的安全措施，存在变相的以包代管现象。

【事故中的"违"与"误"】

（1）"违"的主要表现。

上述不安全行为和不安全状态违反了《国家电网公司电力安全工作规程（电力线路部分）》中工作监护制度及高处作业的有关规定。

（2）"误"的主要表现。

1）施工单位及现场作业人员对攀登高塔的危险性估计不足，导致相应的防护措施严重缺失。

2）登高人员在攀登的过程中出现失误。

4. 四川 070608 在某 220kV 线路架线施工过程中，由于不系安全带，导致两人高空坠落，一死一伤

【事故经过】

2007 年 6 月 8 日上午 9 时 10 分，四川 ×× 电力建设总公司十八工程处在某 220kV 线路 43# ~ 44# 杆架线施工过程中，由于作业人员未系安全带，发生一起高空坠落事故，造成一人死亡、一人轻伤。死者陈 ××，男，28 岁；伤者罗 ××，男，29 岁。

【事故原因】

（1）直接原因。

1）不安全行为。

a. 多名作业人员在杆上进行作业时不系安全带。

b. 工作负责人未履行监护职责，不能及时纠正工作班成员的不安全行为。

2）不安全状态。

进行架线作业时，多名杆上作业人员不系安全带，现场也未采取其他防止高处坠落的安全措施，作业秩序混乱，危险点分析与防控流于形式。

（2）间接原因（管理缺陷）。

1）作业现场危险源分析防控不到位，未结合现场实际制定完善的施工方案和三措施计划，施工作业行为带有较大的盲目性，现场安全管理失控，习惯性违章比较严重。

2）施工单位缺乏对施工人员缺乏相应的安全教育，作业人员安全意识淡漠，自我保护能力不强。

【事故中的"违"与"误"】

（1）"违"的主要表现。

上述不安全行为和不安全状态违反了《安规》中工作监护制度及高处作业的有关规定。

（2）"误"的主要表现。

施工单位对施工人员缺乏相应的安全教育，作业人员安全意识淡漠，对不系安全带的危害性缺乏应有的认识，自我保护能力不强。

二、防护措施不当

5. 湖北 951117 某 10kV 线路整改，超龄电工登杆作业，安全带扣环未扣好，坠地死亡

【事故经过】

1995 年 11 月 17 日下午，当湖北省某 10kV 线路的整改工作进行到蒋湾支线时，工作负责人余××安排 A 村电工陈××（男，44 岁）上该支线 2 号杆更换陶瓷横担，张××（男，62 岁，B 村电工）在杆下监护。但张××对陈××说："搞我们村的线路，我不上杆像话吗？"在张××的执意要求下，陈××同意张××登杆作业。张××在杆上系安全带时，未检查扣环是否扣好即向后靠，结果因扣环未扣好而从 7m 高处头朝下坠落在麦地里，幸戴有安全帽而未当场毙命。但经

医院检查，其第 5、6 颈椎骨折、滑脱，经多方积极抢救无效，于 11 月 22 日 1 时 40 分死亡。

【事故原因】

（1）直接原因。

1）不安全行为。

a. 张 ×× 瞒报年龄，执意从事自己力所不能及的工作，违章登杆作业。

b. 张 ×× 在杆上系安全带时，未检查扣环是否扣好即向后靠。

c. 监护人监护不到位，未提醒张 ×× 检查扣环。

2）不安全状态。

天气较冷，衣着较多，超龄人登杆作业，行动不便。

（2）间接原因（管理缺陷）。

1）有关文件规定，村电工年满 55 岁不得从事线路作业，而张 ×× 的实际年龄已 62 岁，镇电管站用人时审核、把关不严，以致超龄电工从事高空作业。

2）农电工队伍管理不规范，人员素质较差，缺乏相应的安全知识和自我保护意识。

3）工作负责人未能坚持原定的正确合理的工作安排，而是听任年纪大的超龄农电工违章登杆作业。

【事故中的"违"与"误"】

（1）"违"的主要表现。

1）违反了《安规》中工作监护制度，工作票所列人员安全责任和正确使用安全带的有关规定。

2）违反了国家电网和省公司关于临时工管理的有关规定。

（2）"误"的主要表现。

张 ×× 缺乏相应的安全知识和自我防护意识，执意从事自己力所不及的工作，并在工作中发生失误。

6. 四川 971106 在某 220kV 线路组立铁塔的施工中，因将安全带系在尚未固定好的构件上，导致一人高处坠落，造成 3～9 肋骨骨折

【事故经过】

1997 年 11 月 6 日，××送电工程公司线路一处二队在进行某 220kV 线路 #1 塔组立工作中，工作负责人廖××把自己作为一名地面作业人员投入了工作。

16 时 58 分，杆上作业人员徐××在固定 704 内斜材与 809 联板一端时（另一端已固定），安全带系在了尚未固定好的 704 内斜材上，当在拉开扇面时，金属冲子从 819 联板眼孔弹出，致使 704 内斜材脱出，安全带失去作用，导致徐××从距地面 13m 处坠落，所幸在铝合金内抱杆的兜绳上反弹了一下，用手抓住了机动绞磨的牵引绳，又下滑了 2m 左右，侧身坠落于地面，造成左胸 3～9 肋骨骨折。

【事故原因】

（1）直接原因。

1）不安全行为。

a. 进行高处作业时，杆上作业人员将安全带系在未固定牢固的 704 内斜材上。

b. 杆上作业人员操作不慎，导联结 704 内斜材与 819 联板的金属冲子从 819 联板的眼孔中弹出。

c. 现场工作负责人因直接从事具体工作而未履行监护职责。

2）不安全状态。

杆上作业人员将安全带系在未固定牢固的 704 内斜材上，当该斜材因操作不慎意外脱落时，导致作业人员失去安全带的保护，并从 13 米高处坠落地面。

（2）间接原因（管理缺陷）。

1）未结合现场实际制定完善的施工方案和三措施计划，施工作业行为带有较大的盲目性，现场安全管理失控，习惯性违章比较严重。

2）施工单位对施工人员缺乏相应的安全教育，作业人员安全意识淡薄，对安规有关正确使用安全带的规定不熟悉、不理解，自我保护能力不强。

【事故中的"违"与"误"】

（1）"违"的主要表现。

上述不安全行为和不安全状态违反了《安规》中工作监护制度，以及正确使用安全带的有关规定。

（2）"误"的主要表现。

作业人员安全意识淡薄，对安规中有关正确使用安全带的规定不熟悉、不理解，自我保护能力不强。

7. 湖北 020809 某低压线路故障处理，疲劳登杆作业，安全带扣环未扣好，坠地死亡

【事故经过】

2002 年 8 月 9 日 20 时 30 分左右，湖北省某新装配变送电后，用户反映电压异常。外线班长宋××带领王××（男，57 岁，外聘农电工）、郝×× 二人前往处理。经检查，发现消防中队低压分支线的中性线与相线接反。于是，在断开该配电变压器跌落式熔断器后，安排王××登上该分支接火的铁塔进行处理，宋××在杆下监护。当王××在塔上系安全带时，突然从 6.5m 的高处坠地，造成胸、腹腔内出血，经抢救无效，于 8 月 10 日 11 时死亡。

【事故原因】

（1）直接原因。

1）不安全行为。

a. 登杆作业人员王××安全带扣环未扣好，失手坠落。

b. 工作负责人现场监护不到位。

2）不安全状态。

a. 经现场检查，发现王××所用安全带扣环的封口销还未闭合，保险环却已处于锁定状态，导致扣环封口销失效。

b. 工作时天已昏黑，工作现场视线不清。

（2）间接原因（管理缺陷）。

1）该电力局对农网改造进网作业人员资格审核把关不严，王××的年龄不符合聘用条件。

2）外线班长兼工作负责人安排故障处理人员及现场分工不当，有年轻人不用，偏安排年龄大，且已工作了一整天，身体疲劳的王××在夜间从事登高作业，对其监护也不得力。

【事故中的"违"与"误"】

（1）"违"的主要表现。

上述不安全行为和管理缺陷均违反了《安规》中工作监护制度、使用安全带的有关规定，以及临时工管理的有关规定。

（2）"误"的主要表现。

工作负责人工作安排不当，造成工作人员疲劳登杆作业；杆上作业人员工作不细心，未检查安全带扣环是否扣好。

8. 福建 031223 在杆上配变电缆停电验电过程中因安全带未扣牢，从杆上坠落，造成左小臂桡骨骨折

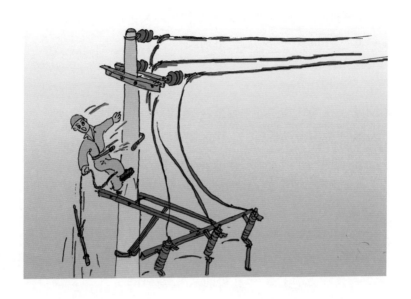

【事故经过】

2003 年 12 月 23 日，在某 10kV 施工变高压电缆停电检修的倒闸操作中，由王××担任监护人、陈××担任操作人。

8 时 36 分，两人来到施工变杆下开始操作，在检查配变低压空开确已断开后，在地面先后断开了配变高压侧跌落开关和隔离开关。然后，陈××在杆下扎好安全带腰带，在王××监护下沿配变台架的水泥杆抱箍攀至配变台架跌落熔丝层，脚踩横担端部（离地 5.9 m），准备在高压电缆引线处验电装设接地线。

陈××将安全带的大带绕过水泥杆扣在腰带上，即用小

绳提升验电器，当转身准备拿验电器时，安全带突然松脱，陈××从杆上坠落，紧急送医院，经 B 超及 CT 检查，诊断陈×× 左小臂桡骨骨折，右腿外侧膝盖上下部擦伤，额头擦伤。

【事故原因】

（1）直接原因。

1）不安全行为。

a. 陈×× 系安全带时未检查扣环是否扣牢。

b. 监护人王×× 没有提醒操作人检查安全带的扣环是否扣好，对陈×× 未按规定使用双控安全带的违章行为没有纠正。

2）不安全状态。

陈×× 登杆验电时，既未按规定使用双控安全带，也未将安全带的扣环扣好，导致在转身时安全带的扣环从安全带的挂环中脱出，作业人员因失去安全带的保护而坠落地面。

（2）间接原因（管理缺陷）。

单位对职工的安全教育和专业技术培训不到位，安全监督管理和反违章的力度不够，导致现场作业人员的安全意识差，自我防护能力不强，不认真执行防人身事故措施，对操作人员登杆操作不使用双控安全带的习惯性违章行为未能及时发现并纠正。

【事故中的"违"与"误"】

（1）"违"的主要表现。

1）操作人违反了《安规》中"系安全带后必须检查扣环是否扣牢"的规定。

2）监护人违反了《安规》中"工作负责人（监护人）必须始终在工作现场，对工作班人员的安全认真监护，及时纠正不安全的动作"的规定。

3）违反了《福建省电力有限公司人身伤亡事故重点防范措施》及本单位有关防高处坠落伤害的规定。

（2）"误"的主要表现。

现场作业人员的安全意识差，自我防护能力不强，杆上人员系安全带时不细心，对扣环可能出现的问题缺乏经验和防范意识，对安规的相关规定不熟悉或不理解，因而未按规定进行必要的检查。

9. 湖北 041209 某 35kV 变电站技改，将安全带打在支柱绝缘子上方，支柱绝缘子制造质量不良，坠地死亡

【事故经过】

2004 年 12 月 9 日上午，在湖北省某 220kV 变电站进行 01 断路器小修，012 隔离开关、022 隔离开关、互 02 隔离开关改造工作中，工作负责人安排检修三班黄 ××、余 ××（男，38 岁）、王 ×× 负责解开 022 隔离开关三相引线。3 人分别将梯子搭靠在三相支柱绝缘子的上端，上去工作时将安全带打在隔离开关导电摺架的尾部。11 时 30 分，余 ×× 用扳手松 B 相引线的螺栓时，该支柱绝缘子突然从根部断裂，隔离开关整体朝余 ×× 站位侧倒下，余 ×× 随隔离开关一起坠落至水泥地面，动触头打压在其胸部，导致其口腔、鼻腔出血。

10min 后，急救人员赶到现场，判定余 ×× 已当场死亡。事故后检查，绝缘子断截面为崭新痕迹，断面瓷片有分层现象。

【事故原因】

（1）直接原因。

1）不安全行为。

a. 余 ×× 高处作业时将安全带系在不牢靠的物体上。

b. 工作负责人不履行监护职责。

2）不安全状态。

a. B 相绝缘子制造质量不良，在外力作用下断裂并坠地。

b. 现场安全设施不健全，安全带无适当的位置可打。

（2）间接原因（管理缺陷）。

事故单位安全管理不严，安全教育培训不到位，职工队伍安全意识淡薄，劳动纪律松弛，习惯性违章严重。

【事故中的"违"与"误"】

（1）"违"的主要表现。

以上不安全行为均违反了《安规》中工作监护制度，以及使用安全带的有关规定。

（2）"误"的主要表现。

余 ×× 缺乏自我保护意识，对于将安全带打在支柱绝缘子上的危险性认识不足。

10. 西藏 060515 某 110kV 线路绝缘子串调爬，安全措施不完备，安全带系位不当，绝缘子串脱落，坠地死亡

【事故经过】

2006 年 5 月 15 日 11 时 10 分，在西藏某 110kV 线路加装绝缘子的工作中，某电建公司线路二班一组来到 13 号耐张塔工作。其工作程序是：先用 3t 葫芦把导线回收以放松绝缘子串受力，然后在横担侧球头挂环处断开绝缘子串的连接，并加装绝缘子。11 时 55 分，当施工人员巴××（男，26 岁，初中文化，长期临时工，从事该项工作已 8 年，上岗前曾参加西藏自治区安全生产监督管理局举办的登高架设特种作业培训，取得了"中华人民共和国特种作业操作证"）将安全带系在其骑坐的 C 相绝缘子串上，正准备拆除导线上的紧线器时，不料该绝缘子

串 U 型挂环与横担的联结螺帽脱落,造成其从绝缘子串上坠地,经地区人民医院抢救无效,于 5 月 15 日 12 时 30 分死亡。

【事故原因】

(1)直接原因。

1)不安全行为。

a. 巴 × × 在取紧线器时未使用保护绳,而是将安全带系在不牢靠的绝缘子串上。

b. 工作负责人不履行监护职责。

2)不安全状态。

a. 工程建设施工中绝缘子与铁塔的挂接螺栓规格与安装工艺均不符合要求;C 相绝缘子串 U 型挂环上的联结螺栓没有安装开口销,在运行中因振动而造成螺帽向外滑移,并在施工时完全脱落,而导致绝缘子串滑脱。

b. 事故后还发现该铁塔的 A 相耐张绝缘子串 U 型挂环没有使用规范的螺栓,螺杆长度不够。

(2)间接原因(管理缺陷)。

1)事故单位安全管理不规范,现场安全管理不到位,在工程开工之前,没有认真开展危险点分析,没有采取相应的安全控制措施;在现场施工中没有严格按照《安规》有关规定配备和使用安全工器具;班前会及安全技术交底无记录。

2)工程建设施工中绝缘子串与铁塔的挂接螺栓规格与安装工艺均不符合要求;监理单位没有尽到应有的监理责任,未能及时发现施工质量与安全存在的问题;建设单位管理不到位,工程验收把关不严,埋下事故隐患。

3)施工人员缺乏相应的安全生产知识和安全意识,工作作风马虎，在上绝缘子串前及移动的过程中，不注意检查绝缘子串的连接状况是否良好，使本来十分明显的危险点漏网。

【事故中的"违"与"误"】

（1）"违"的主要表现。

以上不安全行为均违反了《安规》中工作监护制度，以及使用安全带的有关规定。

（2）"误"的主要表现。

施工人员上绝缘子串前及移动的过程中，未检查绝缘子串各部分联结状况是否良好，未掌握安全带的正确使用方法。

11. 湖北 060813 某 500kV 线路走线检查，安全带使用不当，救援无方，坠落重伤

【事故经过】

2006 年 8 月 13 日，在湖北省某新建 500kV 线路 130 ~ 137 号线段质检工作中，某输电公司第 4 质检组组长王 × × 带领刘 × ×、任 × × 进行登杆及走线检查。分工是：刘 × ×（男，22 岁，中专，2003 年参加工作）走右相，王 × × 走中相，任 × × 走左相。

9 时 38 分左右，刘 × × 走到 131 ~ 132 号塔导线距第 4 个间隔棒约 0.8m 处，双脚踏空，身体下坠，被安全带悬挂于导线下方。王 × × 与任 × × 赶紧从 132 号塔绕过来施救。王 × ×、任 × × 2 人虽能接触到刘 × × 的身体，但施救不成功。

约 10 时 05 分，刘××从安全带中脱出，从距地面 13m 高空坠落，经线下树枝缓冲后坠地，受重伤。

【事故原因】

（1）直接原因。

1）不安全行为。

a. 工作人员在走线作业时使用不合格的安全带。

b. 刘在走线时思想不集中，导致双脚踏空，身体下坠。

2）不安全状态。

走线作业应使用悬挂式安全带，而实际上使用的却是围杆式安全带，且未注意控制安全绳的长度，导致坠落距离过大，不便于施救，人从安全带中脱出。

（2）间接原因（管理缺陷）。

1）工作前危险点分析不认真，制订的安全措施缺乏针对性，安全技术交底不到位。

2）事故单位对职工的教育培训不到位，导致作业人员作业技能不熟练，高空作业动作不规范。

3）对于走线之类的危险作业项目未制订应急救援预案，作业人员自救和互救的能力不强，救援无方。

【事故中的"违"与"误"】

（1）"违"的主要表现。

上述不安全行为和不安全状态违反了《安规》中使用安全带的有关规定。

（2）"误"的主要表现。

作业人员业务技能不熟练，高空作业动作不规范，作业时思想不集中，双脚踏空。

12. 江苏 080701 在某 220kV 升压站更换引线的工作中，因未正确使用安全带，导致安全带脱落，从 20.8m 高处坠落死亡

【事故经过】

某电厂 220kV 升压站天刘 2697 间隔换引线工作，由电厂委托某投资实业有限责任公司（民营企业）完成，并于 6 月 26 日签订了工程施工合同。

2008 年 6 月 27 日，工作负责人及相关管理人员会同电厂人员对现场进行了勘察，明确了施工作业顺序及方法，明确了危险源点及控制措施，并制订了施工作业"三措"。

2008 年 7 月 1 日上午，进行 220kV 副母线至 2932 隔离开关的引线更换，工作负责人陆 ×× 组织人员召开班前会，明确了作业任务、人员分工、作业方法及顺序、危险源点及控制

措施。

9时35分，在现场准备工作完成后，工作负责人（监护人）陆××及地面人员见高处作业人员仲××（死者，男，28岁）进入作业位置，并在系好安全带后放下吊绳。

地面人员用吊绳将工具包吊至作业点，当仲××弯腰接工具包时，所系安全带脱落，人从20.8m处摔下，经医院抢救无效死亡。

【事故原因】

（1）直接原因。

1）不安全行为。

a.作业人员仲××在登到作业位置后，系安全带时未检查扣环是否扣牢，也没有使用后备保险带。

b.监护人员陆××没有及时提醒仲××检查保险带是否扣牢，没有纠正陆××不使用后备保险带的错误行为。

2）不安全状态。

作业人员仲××在登到作业位置后，虽将安全带金属扣扣上，但未扣牢，也没有使用后备保险带，导致弯腰接工具包时安全带脱落，本人因失去保护而从高处坠落死亡。

（2）间接原因（管理缺陷）。

1）施工单位对施工人员的安全教育及培训不到位，现场施工人员安全意识淡薄，自我保护意识不强，对安规中关于正确使用安全带的规定不熟悉、不理解，没有掌握安全带的正确使用方法，系安全带时不细心，麻痹大意。

2）施工单位安全管理不严，未严格执行安全生产的有关规章制度，登高后必须认真检查所使用的安全带是否扣好、扣牢。进一步加强现场危险点、危险源分析和交底工作，并扎实做好各种防范措施的落实，并使作业人员人人皆知。

【事故中的"违"与"误"】

（1）"违"的主要表现。

1）违反了《安规》中关于正确使用安全带的有关规定。

2）违反了《安规》中关于工作监护制度的有关规定。

（2）"误"的主要表现。

现场施工人员安全意识淡薄，自我保护意识不强，对安规中关于正确使用安全带的规定不熟悉、不理解，没有掌握安全带的正确使用方法，系安全带时不细心，麻痹大意。

13. 黑龙江 090512 在某 500kV 线路更换绝缘子的工作中，由于保护绳扣环未扣好，软梯操作方法不正确，不慎坠落地面死亡

【事故经过】

2009 年 5 月 8 日至 15 日，××超高压局送电工区进行某 500kV 线路更换绝缘子的作业，全线共分 6 个作业组。

5 月 12 日，作业进行到第五天，第三作业组负责人周 ×，带领作业人员乌 ×（死者，男，蒙族，1974 年 10 月出生，1995 年由牡丹江电校毕业参加工作，班组安全员）等 8 人，负责将 103 号塔瓷质绝缘子更换为合成绝缘子。

塔上作业人员乌 ×、邢 ×× 在更换完成 B 相合成绝缘子后，准备安装重锤片。邢 ×× 首先沿软梯下到导线端，14 时

16分，乌×随后在沿软梯下降过程中，不慎从距地面33m高处坠落至地面，送医院抢救无效死亡。

事故调查确认，乌×在沿软梯下降前，已经系了安全带保护绳，但扣环没有扣好、没有检查。在沿软梯下降过程中，没有采用"沿软梯下线时，应在软梯的侧面上下，应抓稳踩牢，稳步上下"的规定操作方法，而是手扶合成绝缘子脚踩软梯下降，不慎坠落。小组负责人抬头看到乌×坠落过程中，安全带保护绳在空中绷了一下，随即同乌×一同坠落至地面。

【事故原因】

（1）直接原因。

1）不安全行为。

a. 工作班成员乌×在系安全带后没有检查安全带保护绳扣环是否扣牢；在沿软梯下降时，违反工区制定的使用软梯的规定。

b. 工作负责人没有实施有效监护，默认乌×使用软梯的违规操作方式。

2）不安全状态。

在乌×沿软梯下降过程中，一方面，其安全带保护绳的扣环没有扣牢，另一方面没有采用"沿软梯下线时，应在软梯的侧面上下，应抓稳踩牢，稳步上下"的规定操作方法，而是手扶合成绝缘子，脚踩软梯下降，以致手足配合失控，立身不稳而从高处坠落。

（2）间接原因（管理缺陷）。

1）单位反违章工作开展不力，对职工的教育培训缺乏针对性和实效性，以致出现员工实际操作技能较差、基本技能欠缺、安全风险意识不强、人员违章问题突出等现象。

2）工作前对工作中的危险点分析不够全面，控制措施存在漏洞和薄弱环节，对沿软梯上下的风险估计不足，以致在作业指导书和技术交底过程中，都没有强调软梯的使用。

【事故中的"违"与"误"】

（1）"违"的主要表现。

1）违反了《安规》关于正确使用安全带和工作监护制度的相关规定。

2）违反了工区制定的使用软梯的规定。

（2）"误"的主要表现。

1）现场作业人员缺乏相应的专业技术知识和风险防范意识，对乌×"手扶合成绝缘子，脚踩软梯下降"的危险性认识不足，对正确操作方法的必要性和合理性缺乏应有的认识，因而导致习惯性违章行为得不到及时纠正。

2）工作前对工作中的危险点分析不够全面，控制措施存在漏洞和薄弱环节，对沿软梯上下的风险估计不足，以致在作业指导书和技术交底过程中，都没有强调软梯的使用。

三、使用不合格工器具

14. 湖北 761119 某 220kV 线路带电 T 接，用起吊工具滑车代替载人滑车，出现故障，处理不当，高空坠落轻伤

【事故经过】

1976 年 11 月 19 日，在湖北省某 220kV 线路 66 号塔带电 T 接工作中，因未将载人地线滑车带到现场，而临时用起吊工具的地线滑车代替。由于该滑车的规格较小，且未经试验合格，滑行到途中便发生卡住现象，站在杆塔上拉控制绳的人员死拉硬拽，导致该滑车锁钩脱扣，并从架空地线上脱落，坐在吊篮内的陈××从 13m 高空坠地，幸而该滑车落到下层导线上被缠住，当陈××站立起来时，吊篮离开地面还有几十厘米。

【事故原因】

（1）直接原因。

1）不安全行为。

使用不合格地线滑车载人，且操作方法不当。

2）不安全状态。

未经试验的非载人滑车载人后，在架空地线上发生卡涩现象，除了在杆塔上有一根控制绳外，无其他措施，持绳人员死拉硬拽，将滑车从架空地线上拉脱。

（2）间接原因（管理缺陷）。

1）工作负责人在出工前清理工具时粗心大意，没有将载人地线滑车装进工具箱内。

2）当发现载人地线滑车未带到工作现场时，现场作业人员缺乏相应的知识和以人为本的安全理念，怕返回单位取用工具耽误时间（路途往返需两个多小时），抱有侥幸心理，以小代大，冒险作业。

【事故中的"违"与"误"】

（1）"违"的主要表现。

上述不安全行为和不安全状态均违反了《安规》中带电作业工作和工器具使用的有关规定。

（2）"误"的主要表现。

当发现载人地线滑车未带到工作现场时，工作负责人及现场作业人员缺乏相应的知识和安全理念，对以小代大的危险性和可能出现的问题认识不足。

15. 重庆 970814 在某发电厂机组大修工作中，在原煤斗捅煤时，因绳梯第一层横担脱落，导致临时工在空中坠落 10m，安全带将其胃脾勒破

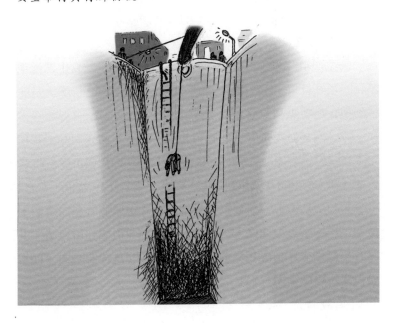

【事故经过】

1997 年 8 月 14 日，在某发电厂 #21 机组大修中，1 #、2 # 原煤斗余煤清除工作由锅炉车间请厂临工队派人完成，锅炉车间球磨二班负责监护。施工前，锅炉车间主任、技术干部均向临工队负责人庞 ×× 反复强调了安全注意事项。8 月 14 日下午，锅炉车间技术员蔡 ×× 向庞 ×× 转达了车间主任的决定：晚上禁止进入原煤斗清煤，只能转运 10m 层积煤。

但是，庞 ×× 为了赶工作进度，于 8 月 1 4 日晚擅自派 6 名临工进入 2 # 原煤斗清煤，并安排临工朱 ×× 作监护人，

另安排 10 人在 10m 平台运 1 # 煤斗清下的煤。朱 × × 到现场后，因 10m 平台缺运煤的煤车，就找煤车去了。

在 2 # 煤斗清煤的 6 名临工分成两组，3 人一组。19 时 00 分左右，在监护人不在场的情况下，先由第一组进行，约 40 分钟后换第二组下煤斗清煤。

第二组临工梁 × ×、刘 × × 后下去后，当陈 × × 抓住绳梯下煤斗时，由于绳梯第一级横担内的尼龙绳头从主绳中滑脱，致其向下坠落。

煤斗深度约 25m，陈 × × 安全带长度约 10m，其末端套牢在固定的钢梁上。按规定工作人员进入煤斗后，安全带应由监护人负责控制在稍微拉紧的状况。由于监护人朱 × × 离开现场，无人进行监护，安全带的长度也处于失控状态，因而当陈 × × 发生坠落时，在空中运行 10m 后方才被安全带拉住，自由落体运动产生的冲击力通过安全带作用于陈 × × 的腰腹，致其胃、脾脏破裂。

【事故原因】

（1）直接原因。

1）不安全行为。

a. 工作前未对工作用绳梯进行检查，导致工作中使用存在安全隐患的绳梯。

b. 工作监护人在工作时离开工作现场，导致现场无人监护，安全带的长度无人根据实际情况进行调整和控制。

2）不安全状态。

a. 绳梯第一级横担联结不牢靠，当临工陈 × × 沿绳梯进入煤斗抓住该横担时，该横担从主绳中滑出，致陈 × × 身体后倾而坠落。

b. 由于陈××安全带的长度处于失控状态，以致其发生坠落时，安全带不能发挥应有的保护作用，反而因自由落体运动产生的冲击力而对其内脏造成不应有伤害。

（2）间接原因（管理缺陷）。

1）施工单位对施工人员的安全教育培训不到位，以致作业人员缺乏应有的安全意识和安全知识，不懂得正确使用安全带的方法和安全注意事项，在无人监护的情况下冒险作业，习惯性违章严重。

2）施工负责人为了赶工作进度，违令、违章扩大工作范围，擅自在晚上派 6 名临工进入 2# 原煤斗清煤，工作前未制定安全可靠的措施，现场"三交三查"不到位，组织指挥处于无人负责的状态。

3）电厂相关部门以包代管，对临工队缺乏应有的监督管理和安全技术培训，导致临工队的专业技术素质与现场实际工作不相适应。

【事故中的"违"与"误"】

（1）"违"的主要表现。

1）违反了《电业安全工作规程（热力和机械部分）》第 47 条的规定："使用工具前应进行检查，不完整的工具不准使用。"

2）违反了《电业安全工作规程（热力和机械部分）》第 144 条关于进入煤斗作业应采取的安全措施的相关规定，尤其是下述规定："……进入煤斗必须使用安全带，安全带的绳子应缚在外面的固定装置上（禁止把绳子缚在铁轨上）并至少有两人在外面进行监护，进入煤斗后安全带应由监护人一直保持在稍微拉紧的状态，工作人员应使用梯子上下。"

3）违反了车间主任"晚上禁止进入原煤斗清煤"的指令。

（2）"误"的主要表现。

1）电厂相关部门对临工队的业务能力及管理状况不熟悉，对其缺乏应有的监督管理和培训，导致临工队的队伍素质与现场实际工作不相适应。

2）临工队缺乏应有的工作经验和专业技术素质，对安规的相关规定不熟悉，自我保护能力不强，安全意识淡薄，冒险盲目蛮干。

四、当事人失误

16. 湖北 850723 某 35kV 线路事故巡线，组织安排不当，单人疲劳登杆，不戴安全帽，不系安全带，坠地死亡

【事故经过】

1985 年 7 月 22 日 16 时 45 分，湖北省某 35kV 线路因雷雨跳闸，当日 18 时 11 分地调下令试送成功。

23 日上午，县电力局在没有与地调和变电站（属地调调度）取得联系，不知线路已恢复送电的情况下，安排检修工程队外线班长郑××（男，44 岁）带领 11 人进行事故巡线。在沿线将巡线人员安排到位后，郑 ×× 与何 ×× 负责 44 ~ 46 号杆的巡线任务。由于 45 ~ 46 号杆是大跨越，于是郑 ×× 要何 ×× 检查 44 号和 45 号两基杆，其自己则登山检查 46 号

杆（从山下至46号杆约30min路程）。郑××在46号杆进行登杆检查时失手坠落地面。司机在山下看见后，立即喊了几位当地群众赶到出事现场，编制了简易担架将郑××抬下山，未等送达医院郑××便停止了呼吸。经检查，郑××的后脑有一道3cm长的伤口，背部有青紫块，腿部有多处划伤。

【事故原因】

（1）直接原因。

1）不安全行为。

郑××在单人巡线时攀登电杆，且未使用安全带和戴安全帽。

2）不安全状态。

郑××在爬山时，正值炎热天气，劳累后又接着登杆，有可能因疲劳而出现动作失误。

（2）间接原因（管理缺陷）。

1）该县电力局安全生产管理混乱，在没有与管辖该线路的调度机构（地调）进行联系，未搞清线路故障相关数据和处理情况，即盲目安排事故巡线工作。

2）检修工程队在组织巡线时，未结合实际进行必要的安全教育，未交代安全注意事项，工作负责人在分工时存在抢进度而忽视安全的思想，导致其单人违章登杆检查。

【事故中的"违"与"误"】

（1）"违"的主要表现。

上述不安全行为违反了《安规》中巡线及杆塔上工作的有关规定。

（2）"误"的主要表现。

县电力局安全管理素质差，生技部门负责人不熟悉组织事故巡线的基本程序，未搞清相关情况即盲目安排巡线工作。

17. 陕西 911008 某 110kV 变电站停电检修，带情绪登高作业，不填工作票，不系安全带，不戴安全帽，坠地死亡

【事故经过】

1991 年 10 月 8 日，在陕西省某 110kV 变电站停电检修工作结束后，进行设备验收时，该变电站站长武 ×× 发现 110kV 某 TV 绝缘子未清扫而要求检修人员重新清扫，但被检修负责人拒绝而发生争执。在此情况下，武 ×× 未填用工作票即情绪激动地带领两名当值值班员去清扫该设备。当武 ×× 不戴安全帽，不系安全带，用竹梯攀登该 TV 构架时，刚上构架即一脚踏空，从 2.7m 高处坠落，后脑撞击地面，当场死亡。

【事故原因】

（1）直接原因。

1）不安全行为。

武××带情绪进行登高作业，且不填工作票，不系安全带，不戴安全帽。

2）不安全状态。

设备构架无可靠立足点，武××因思想不集中而踏空坠落。

（2）间接原因（管理缺陷）。

事故单位安全管理不严，安全教育培训不到位，习惯性违章严重，变电站站长带头违章作业，现场无人提醒和制止。

【事故中的"违"与"误"】

（1）"违"的主要表现。

上述不安全行为违反了《安规》中工作票制度、工作监护制度，以及登高作业的有关规定。

（2）"误"的主要表现。

变电站站长安全思想不牢，带情绪登高作业。

18. 湖北 971015 某 10kV 线路改造工程，精神状态不良，杆上转位时失手，坠地死亡

【事故经过】

1997 年 10 月 15 日 6 时 50 分，在湖北省某 10kV 线路改造工程中，履行工作许可手续以后，李××（男，33 岁）、闫××、张××被分配在振兴路支线 7 号杆上工作，负责撤除该杆上两根旧横担，并换上三根新横担。8 时 30 分左右，李××安装好上层新横担后，解开安全带向下移位时，不慎从 11m 高处坠落至水泥地面，当即不省人事，经医院鉴定为三级脑外伤、失血性休克和脑疝，经抢救无效，于当日 9 时 55 分死亡。

【事故原因】

（1）直接原因。

1）不安全行为。

a. 李××在工作中未按要求正确使用安全带和戴安全帽，工作时思想不集中，失手坠落地面。

b. 工作负责人未按《安规》要求履行监护职责。

2）不安全状态。

杆上作业未使用保护绳或双功能安全带，转位时失去安全带保护；未按要求系好安全帽的下颏带，而是将其系在帽沿上，在坠落的过程中安全帽离人而去。

（2）间接原因（管理缺陷）。

1）施工组织不完善，施工"三措"（组织措施、技术措施和安全措施）不明确、不具体，现场监护不力，未要求工作班成员使用保护绳或双功能安全带。

2）因施工工期比较紧，每天早起晚归，而事故前一日晚上李××因个人问题，一夜未休息好，第二天工作时精神状态不良，思想不集中，导致工作中出现失误。

3）工作负责人未按要求进行"三交三查"，未及时发现李××精神状态不良的问题。

【事故中的"违"与"误"】

（1）"违"的主要表现。

上述不安全行为和不安全状态违反了《安规》中工作监护制度、杆塔上工作，以及戴安全帽的有关规定。

（2）"误"的主要表现。

李××缺乏自我保护意识，一夜未休息好，未向工作负责人汇报，而工作负责人也未注意此类问题，导致李××在精神状态不良的情况下，从事危险性比较大的杆上作业。

19. 湖北 011113 在某村户表安装工作中违规发承包，工作人员因体力不支从 4.5m 高处坠落死亡

【事故经过】

2001 年 10 月 20 日，某变电站主持全面工作的副站长谢×，在未请示县供电局及农电总站的情况下，仅与副站长熊×× 商量后，便擅自将部分一户一表的安装工程承包给由内退职工鄢×× （死者，男，53 岁）组织的亲朋好友若干人，并与鄢×× 签订了《农网整改承包工程安全质量合同书》。

11 月 13 日上午 8 时左右，鄢×× 在某村的装表工作中擅自扩大工作范围，不戴安全帽即登上某线路支线 #29 杆（杆高 10m）安装下户线横担，终因体力不支，在移位挂扣安全带

时不慎从 4.5m 高处坠落，头部和背部着地，经医院抢救无效，于 11 时 15 分死亡。

【事故原因】

（1）直接原因。

1）不安全行为。

a. 鄢××在某村的装表工作中擅自扩大工作范围。

b. 鄢××在登杆作业时不戴安全帽，且无人监护。

c. 鄢××在杆上作业时，因体力不支而出现失误。

2）不安全状态。

鄢××在杆上作业的过程中体力不支，在移位挂扣安全带时失去安全带的保护，从 4.5m 高处坠落地面。

（2）间接原因（管理缺陷）。

1）发包单位将工程承包给无安全资质的施工个体，属严重的管理违章和失职。

2）施工队伍不具备施工的资格和实际工作经验，无论是管理能力还是实际操作能力，均与实际工作需要不相适应。

【事故中的"违"与"误"】

（1）"违"的主要表现。

1）发包单位违反了省公司《城网、农网改造工程安全管理规定》中有关施工队安全资质管理的相关规定。

2）现场作业人员违反了《安规》中工作票制度、工作监护制度，以及登高作业的有关规定。

（2）"误"的主要表现。

施工队伍不具备施工的资格和实际工作经验，无论是管理还是实际操作能力均与实际工作需要不相适应。

20. 陕西 060329 某 10kV 双回共杆线路改造，杆上转位时失去安全带保护，脚未站稳，手未抓牢，坠地重伤

【事故经过】

2006 年 3 月 29 日，在陕西省某 10kV 双回共杆线路改造工作中，电缆运行七班梁 ×× 及寇 ××、刘 ××（男,35 岁）负责 10kV 地一线 24 号杆和地八线 18 号杆（位于同一基杆）电缆终端吊装和搭接引线的工作。梁 ×× 与刘 ×× 在杆上作业，寇 ×× 在杆下监护。

11 时 25 分，当杆东侧地一线电缆终端吊装工作结束后，刘 ×× 在转向西侧准备固定地八线上层第一级电缆抱箍时，由于脚未站稳、手未抓牢，从距地面 6m 处坠地，造成人身重伤。

【事故原因】

（1）直接原因。

1）不安全行为。

a. 刘××在转位时，未按要求正确使用安全带，脚未站稳，手未抓牢，从高处坠地。

b. 刘××在转位时，监护人监护不到位。

2）不安全状态。

刘××在转位时所站位置不可靠，且失去安全带的保护。

（2）间接原因（管理缺陷）。

单位安全管理不严，安全教育不到位，导致现场作业人员安全思想不牢，执行安全规程不严，监护不力，存在习惯性违章现象。

【事故中的"违"与"误"】

（1）"违"的主要表现。

上述不安全行为和不安全状态违反了《国家电网公司电力安全工作规程（电力线路部分）（试行）》中工作监护制度和高处作业的有关规定。

（2）"误"的主要表现。

杆上作业人员在杆上转位时，麻痹大意，思想不集中，导致脚未站稳，手未抓牢。

五、设备（设施）或机械故障

21. 吉林 940422 某 220kV 线路绝缘调整，电杆缺脚钉，检查及监护不到位，下杆时踏空，坠地死亡

【事故经过】

1994 年 4 月 22 日，在吉林省某 220kV 线路 285～301 号杆的绝缘调整工作中，工作负责人杨 ×× 将工作班分为四组，自己与宋 ××（男，33 岁）分在一组，负责 285～287 号杆的工作，宋 ×× 在杆上作业，杨 ×× 与工区副主任张 ×× 在杆下监护。

13 时 35 分，最后一基电杆（287 号 Ⅱ 型混凝土杆）的工作结束，宋 ×× 用吊绳将手拉葫芦和定滑轮放至杆下，并拆除临时接地线后，于 13 时 40 分从该杆左腿下杆。此时，张

××站在距该腿左侧 8m，杨××站在右侧 9m 处监护。当宋××足部下到电杆上叉梁抱箍时，张××突然发现该杆距地面 12m 处的外侧少一根脚钉，当即喊道："小宋，你从叉梁下，下面缺脚钉。"宋××未作反映而继续下杆，张××见状再喊："下面缺脚钉！"刚喊完就见宋××双臂一伸，身体后仰，脸朝上坠地，将其送到医院时已经死亡。

【事故原因】

（1）直接原因。

1）不安全行为。

a. 宋××在上、下杆的过程中，不注意检查脚钉是否完好，手与脚的配合不协调。

b. 监护人监护不到位，未及时发现电杆缺脚钉的问题。

2）不安全状态。

电杆左腿距地面 12m 处的外侧少一根脚钉，导致下杆人踏空并坠落。

（2）间接原因（管理缺陷）。

单位安全管理不严，安全教育不到位，导致现场作业人员安全思想不牢，执行安全规程不严，监护不力，存在习惯性违章现象。

【事故中的"违"与"误"】

（1）"违"的主要表现。

上述不安全行为和不安全状态违反了《安规》中工作监护制度和杆、塔上工作的有关规定。

（2）"误"的主要表现。

工作监护人和杆上作业人员安全思想不牢，执行规程制度不严格，未按规程要求检查并及时发现脚钉是否完好。

22. 河南 030729 在叶县蓝光环保电厂项目部作业中，因脚手架搭设不合格，人随脚手架坠落地面，所幸正确佩戴了安全帽，仅造成盆骨右侧上部骨折

【事故经过】

2003 年 7 月 29 日 17 时，河南某电厂项目部电自工程处热工仪表班职工江 ×（本工种工龄 15 年）和王 ×× 在锅炉后墙进行炉膛风压取样管安装。江 × 在未检查确认脚手架（长 1.76m，宽 0.6m，高 0.7m，座落在 EL7.45m 的炉后下降支管上）是否安全可靠的情况下，便上脚手架工作，并将安全带的安全绳套挂在该脚手架的立杆上。

当王 ×× 站在 EL9m 运转层平台边缘向站在脚手架上的江 × 递送焊条和面罩时，江 × 左手扶着立杆，右手去接电

焊条和面罩，由于其前倾时身体重心超出脚手架投影面，导致脚手架因失去平衡而倾覆，江×随脚手架坠落，安全绳脱出，经下方 EL3.9m 锅炉床下燃烧器大风管外壳缓冲后，撞击到离地面 1.4m 高的一根脚手架横管上，而后落至 0m 层地面。所幸江×正确佩戴了安全帽，在坠落过程中安全帽没有脱落，头部未受直接撞击。

事故发生后，项目部领导立即赶往事故地点，采取积极的救护措施，于 17 时 20 分将伤者送至县人民医院，经医生诊断，江×腰部右侧皮肉破伤，盆骨右侧上部骨折。

【事故原因】

（1）直接原因。

1）不安全行为。

a. 江×在施工作业前未认真检查脚手架的安全状况，使用未经验收的脚手架。

b. 江×在脚手架上作业时将安全带打在不牢靠的物件上。

2）不安全状态。

脚手架搭设不合格——没有安装防护栏杆，宽度只有 0.6m，稳定性差，靠近锅炉后墙侧的两根立柱没有采取有效的固定措施，而且进出（上、下）该脚手架无通道，基本构架形成后就铺上脚手板。因而当江×在接电焊条和面罩时，由于身体重心超出脚手架投影面，导致脚手架因失去平衡而倾覆。

（2）间接原因（管理缺陷）。

1）脚手架搭设分包工程质量差，分包工程管理不到位，未能认真执行脚手架安全管理制度，没有把住脚手架的工程质量验收关，导致不合格的架手架投入使用。而搭设者明知该脚手架不完善，也不挂"禁止使用"的警示牌。

2）施工现场安全管理混乱，开工前未结合实际进行认真的"三交三查"，危险点分析不到位，安全控制措施不完善。

3）单位对职工的教育培训不到位，导致现场作业人员缺乏正确使用脚手架的相关知识和安全防范意识，对脚手架是否安全可靠缺乏应有的认识，对安规中关于脚手架的相关规定不熟悉、不理解，以致盲目冒险作业。

【事故中的"违"与"误"】

（1）"违"的主要表现。

1）违反了《电业安全工作规程（热力和机械部分）》第602条的规定："搭设脚手架的工作领导人应对所搭的脚手架进行检验合格并出具书面证明后方可使用。检修工作负责人每日应检查所使用的脚手架和脚手板的状况，如有缺陷，须立即整修。"

2）违反了安规关于正确使用安全带的相关规定。

（2）"误"的主要表现。

现场作业人员缺乏正确使用脚手架的相关知识和安全防范意识，对脚手架是否安全可靠缺乏应有的认识，对安规中关于脚手架的相关规定不熟悉、不理解，盲目冒险作业。

23. 陕西 071209 在某 110kV 线路停电检修工作中，在工作人员下杆时，由于横担抱箍因安装质量不良而突然下滑，致一人高处坠落死亡

【事故经过】

2007 年 12 月 9 日，某 110kV 线路计划停电，送电工区配合消缺，任务是消除 #86、#87 杆间导线对地距离不够缺陷（导线对道路的距离为 5.7m），方案是对 #86、#87 杆加装铁头，提升导线。

送电工区带电班工作负责人乔××，带领工作成员史×× 等 6 人，10 时左右到达现场。工作负责人宣读完工作票，进行两交底并签名，布置完现场安全措施后，开始工作。#87 杆加装铁头工作完工后，14 时左右，开始进行 #86 杆加装铁头工作。

工作负责人安排史××、杜××上杆操作，其余人员做地勤。

16时40分左右，#86杆加装铁头杆上作业结束。工作班成员杜××从下横担下杆时，因下横担拉杆包箍下滑引起下横担下倾，杜××从约13m高处坠落至地面，现场工作人员立即将其送往医院进行抢救。19时30分，经抢救无效死亡。

【事故原因】

（1）直接原因。

1）不安全行为。

a. 作业人员××在高空移位时未使用后备保险绳，上横担前未检查横担的牢固情况。

b. 工作负责人安全职责履行不到位，没有及时纠正工作班成员的不安全行为。

2）不安全状态。

由于工作人员在下横担的过程中，没有使用后备保险绳，加之下横担拉杆包箍因安装质量不良而突然下滑，并引起下横担下倾，导致从该横担下杆的工作人员从约13m高处坠落至地面，经抢救无效而死亡。

（2）间接原因（管理缺陷）。

1）全过程的安全质量控制措施不力。在本次工作过程中，现场人员对施工质量控制不严格，检查工作不细致，没有及时发现包箍松动这一严重隐患。标准化作业未能与危险点分析控制、施工工艺标准等要求有机结合，现场执行不力。

2）规章制度执行不严肃，现场管控不到位，习惯性违章现象未得到有效控制。

3）工作协调和管理不力。不能正确处理好技术改造和设备消缺的关系。该线路已运行46年，且已纳入2008年大修改造计划，消缺施工方案未能兼顾长远，从安全、技术、设备、运行管理等方面统筹安排，改造工作不彻底。

4）教育培训内容和方式缺少针对性和实效性。对员工的技能培训方式单一，效果较差，致使员工技术水平不高，实际工作能力不强，安全风险防护、自我保护意识较差。

5）面对平稳上升的安全形势，一些人员对存在的隐患和风险重视不够，认识不足，思想上麻痹大意，安全管理监督不到位。

【事故中的"违"与"误"】

（1）"违"的主要表现。

1）违反《电力安全工作规程（线路部分）》第6.2.4条和第6.2.5条的规定，即"上横担进行工作前，应检查横担连接是否牢固和腐蚀情况，检查时安全带应系在主杆或牢固的构件上。""在杆塔高空作业时，应使用有后备保护的双保险安全带……。人员在转位时，手扶的构件应牢固，且不得失去后备保护绳的保护。"

2）工作负责人没有履行《电力安全工作规程（线路部分）》规定的安全责任，并违反了《电力安全工作规程（线路部分）》工作监护制度的相关规定。

（2）"误"的主要表现。

1）拉杆包箍安装后检查不细，致使包箍松动的重大隐患没能及时发现。

2）教育培训内容和方式缺少针对性和实效性。对员工的技能培训方式单一，效果较差，致使员工技术水平不高，实际工作能力不强，安全风险防范及自我保护意识较差。

3）一些人员对存在的隐患和风险重视不够，认识不足，思想上麻痹大意，安全管理监督不到位。

六、突发性生理障碍

24. 河北 920618 某供电公司在组织爬导线技术演练时，一名青工因突然精疲力竭，从导线上坠落地面死亡

【事故经过】

1992 年 6 月 18 日，某供电所为了准备参加技术比赛，组织工人在已退出运行的 110kV 线路 #18 杆处进行"爬导线"练习。一名青年工人在导线上爬到离瓷瓶串约 3 m 处时（当时他距离地面高度约 11m），忽然向杆上监护人报告说："我没劲儿了。"监护人便说："你休息一下，向回返。"并准备下到导线上去协助他翻上导线。此时地面监护人能看见线上的人停止不动并与杆上监护人说话（听不清具体内容），接着就见其双

手由弯伸直，脱离导线，随后人就坠落了下来。当即送往矿务局医院急救，但因伤势过重，抢救无效死亡。

【事故原因】

（1）直接原因。

1）不安全行为。

a.青工在爬导线的过程中没有使用坠落悬挂式安全带，而是使用普通的围杆式安全带，且未按规定系好。

b.青工在爬导线的过程中出现突发性生理障碍。

c.监护人未按规定履行安全责任，未能及时发现和纠正爬导线人员的不安全行为。

2）不安全状态。

青工在演练爬导线的过程中，在导线上只行进了3m就感到没劲了，突然松开了抓住导线的双手，由于安全带没有系好，以致身体从安全带中脱出而坠落至地面。

（2）间接原因（管理缺陷）。

1）安排演练的各级领导和参加演练的人员对于"爬导线"的危险性缺乏足够的认识，存在重技术、轻安全的思想，风险防范意识淡薄，没有结合实际制定出相应的安全防护措施和紧急救护预案，因而无法应对突然出现的意外情况。

2）现场组织指挥不当，缺乏应有的安全监督管理，对于在爬导线的过程中如何正确使用安全带的问题未引起足够的重视，缺乏相应的经验和知识，没有及时发现和纠正安全带使用中存在的问题，对参演人员的身体状况和精神状态缺乏相应的检查和了解，以致有人在"爬导线"的过程中突发生理障碍。

【事故中的"违"与"误"】

（1）"违"的主要表现。

上述不安全行为违反了《安规》中工作监护制度和正确使用安全带的有关规定。

（2）"误"的主要表现。

1）安排演练的各级领导和参加演练的人员对于"爬导线"的危险性缺乏足够的认识，风险防范意识淡薄，没有结合实际制定出相应的安全防护措施和紧急救护预案。

2）现场人员对于在爬导线的过程中如何正确使用安全带的问题未引起足够的重视，缺乏相应的经验和知识，对参演人员的身体状况和精神状态缺乏相应的检查和了解。

25. 四川 020604 在某 110kV 变电站电气试验工作中，工作人员因岁数偏大，突然身体不适，从竹梯上摔至地面致伤

【事故经过】

2002 年 6 月 4 日，在某 110kV 变电站作 10kV 电容器及放电线圈试验的工作中，工作班大约在十一点左右到达现场，先在开关场作完电容器试验后，接着转入配电室底楼 10KV 电容器室工作。

12 点 30 分，当在作放电线圈 B 相试验时，由于天气炎热，年龄偏大的窦 ×× 因突然身体不适（当时在一起工作的罗 ×× 发现窦 ×× 突然脸色不好，急忙伸手去抓未抓住），而从竹梯 0.8m 高处摔至地面，受轻伤。

【事故原因】

（1）直接原因。

1）不安全行为。

a. 在梯子上工作的窦××，因突发性身体不适而从竹梯上坠落地面。

b. 工作负责人监护不到位，未能随时掌握高处作业人员的身体及精神状态。

2）不安全状态。

在天气炎热的条件下，安排年龄偏大的窦××从事高处作业，导致其在工作中出现突发性身体不适。

（2）间接原因（管理缺陷）。

1）对职工的安全教育不到位，职工的自我保护意识不高。

2）未认真开展班前"三交三查"活动，对工作班成员的身体及精神状态不了解，在天气炎热的情况下，不适当地安排年龄偏大的人员从事高处作业。

【事故中的"违"与"误"】

（1）"违"的主要表现。

违反了《电业安全工作规程（热力和机械部分）》第580条的规定："担任高处作业人员必须身体健康。……凡发现工作人员有饮酒、精神不振时，禁止登高作业。"

（2）"误"的主要表现。

工作负责人对工作班成员的身体及精神状态不了解，在天气炎热的情况下，不适当地安排年龄偏大的人员从事高处作业。

26. 湖北 060317 某 220kV 线路登杆检查，下杆的过程中突发疾病，坠地死亡

【事故经过】

2006 年 3 月 17 日，在湖北省某 220kV 线路登杆检查工作中，输电线路部运行四队副队长余××、郑××和赵××（男，24 岁）为一组，余××安排郑××到 41 号塔遥测接地电阻，赵××登 40 号塔（Z1-38.7）进行检查，自己在杆下对赵××进行监护。14 时 50 分左右，赵××在检查完毕下塔的过程中，下至距地面约 20m 高处时突然坠落，头部着地，左侧太阳穴上方出血，经 120 急救中心医生现场抢救无效，于 15 时 10 分死亡。事故调查发现，赵××2005 年 11 月 8 日的体检报告中有"左心室高电压"的记载，故判断赵××

在下塔过程中，因突发疾病而造成高处坠落。

【事故原因】

（1）直接原因。

1）不安全行为。

赵××患有不适宜登高作业的疾病，并在下塔的过程中突然发病，从 20m 高处坠落。

2）不安全状态。

事故杆塔的高度在 30m 以上，属特级高处作业的范围，但事故单位未按《安规》要求在塔上安装防坠装置。

（2）间接原因（管理缺陷）。

1）事故单位安全管理存在漏洞和薄弱环节，对职工进行体检后，没有进行相应的职业鉴定，导致登高作业人员带有与其工作不相适应的疾病来进行工作；对 220kV 线路安装防坠装置的工作没有引起足够的重视，为此次事故留下安全隐患。

2）赵××缺乏自我保护意识，身体经体检发现有不适宜登高作业的疾病后，不向领导汇报，继续从事不适宜的工种。

【事故中的"违"与"误"】

（1）"违"的主要表现。

上述不安全行为和不安全状态违反了《安规》中作业人员的基本条件和高处作业的有关规定。

（2）"误"的主要表现。

赵××缺乏自我保护意识，当身体经体检发现有不适宜登高作业的疾病后，未在思想上引起高度重视。

七、洞口临边作业安全隐患

27. 广东 050327 在某热电联产技改工程项目中，因 9m 层中压汽门孔洞临时盖板未采取有效固定措施，工作人员违章穿越临时围栏时踩翻盖板，坠落身亡

【事故经过】

2005 年 3 月 27 日上午 8 时 15 分，某热电联产技改工程项目部汽机工程处四大管道安装负责人陈 ×× 要求起重工吴 ××、吴 ××、王 ×× 和辅助工干 ×× 等四人到汽机房 9m 层从事主汽管的临抛工作。

陈 ×× 当时站在中压汽门孔洞的安全围栏外，该围栏内有土建铺设的防止杂物掉落的临时盖板，由于他想到围栏的另

一侧检查主汽管的临抛就位情况，为了图方便，在未做好防坠落安全措施的情况下，就从安全围栏外翻爬到围栏内，一脚踩在孔洞的临时盖板上，导致盖板倾翻，其人与盖板一起坠落至汽机房 5m 层。

此时，汽机工程处主任葛××和专职安全员刘××两位同志正好在 5m 层检查工作，听到响声后马上跑过去，看到陈××倒在地上，头靠在水泥梁上（安全帽还戴在头上），便立即组织人员、车辆将其送到镇医院抢救，由于镇院医疗条件差，简单止血包扎后立即转送市人民医院，终因抢救无效于当日 23 时死亡。

【事故原因】

（1）直接原因。

1）不安全行为。

四大管道安装负责人陈××为了到中压汽门孔洞的另一侧工作面检查工作，因贪图方便而违规直接翻爬为该孔洞设置的 1.4m 高的安全围栏，并且在没有对该孔洞临时盖板进行安全检查，没有采取有效防范措施的情况下，就直接踩在该孔洞的临时盖板上。

2）不安全状态。

中压汽门孔洞的盖板是土建为防止杂物掉落而铺设的临时盖板，不具备载重功能，而在 3 月 5 日汽机房 9m 层交安时，对该临时盖板没有采取有效的固定措施，而是采取搭设临时安全围栏这一不具备强制性的安全措施，为事故的发生留下重大隐患。

（2）间接原因（管理缺陷）。

1）负责现场安全监督和工作协调的管理人员责任心不强，没有尽到自己的管理职责。

2）项目汽机工程处存在职责不清、分工不明确、管理不到位、安全教育不够、管理制度执行不力等问题。

3）项目部反习惯性违章工作力度不够，存在职工的安全意识淡薄、规章制度执行不力、施工现场管理不规范等人员思想和管理问题。

4）公司存在管理制度监督执行不力、管理不到位等深层次的管理问题。

【事故中的"违"与"误"】

（1）"违"的主要表现。

陈××擅自翻爬安全围栏，进入在工作期间禁止进入的危险区域，违反了技改工程项目二措计划的相关规定和现场作业纪律。

（2）"误"的主要表现。

1）对工作中可能出现的不安全因素分析评价不到位，对中压汽门孔洞的临时盖板没有采取有效的固定措施，而仅仅是采取设置临时安全围栏这一警示性措施，在一定程度上降低了作业环境的安全性评价水平。

2）安装负责人陈××对现场作业环境的不安全因素认识不足，安全意识淡薄，麻痹大意，对设置安全围栏的用意没有搞清楚，情况不熟悉，也不进行相应的检查，就冒险翻越安全围栏进入危险区域，没有考虑临时盖板是否安全就往上踩。

28. 吉林 050413 某电厂二期工程，无警示标志和隔离措施，覆盖物强度不够，从两房顶缝隙中踏空，坠地死亡

【事故经过】

2005 年 4 月 13 日上午，在吉林省某热电厂二期工程施工中，项目工程部土建技术员齐××（男，24 岁）和一位工长到新扩建的 3 号汽机厂房屋顶（高 28 m）去查看雨水漏斗。到 3 号汽机厂房屋顶须经过 2 号汽机厂房屋顶，两屋顶间的缝隙宽约 200mm 左右。因施工需要，在缝隙上留有 3 个孔洞，已用保温岩棉覆盖。施工单位在两屋顶之间搭设了专用安全通道，但齐××没有走安全通道，结果从缝隙间的孔洞坠落至 0m 死亡。

【事故原因】

（1）直接原因。

1）不安全行为。

齐××在去3号汽机厂房屋顶时不走安全通道，而是直接从两房顶间孔洞的覆盖物上通过。

2）不安全状态。

2号机房与3号机房的房顶间留有3个孔洞，其覆盖物不坚固，也未设置相应的遮栏和明显的警告标志。

（2）间接原因（管理缺陷）。

1）施工单位安全管理不严，现场安全措施不严密，危险点分析不到位，虽设置了安全通道，但未对施工现场的危险点设置明显的警示标志和隔离措施，为事故的发生埋下了隐患。

2）施工单位安全教育和技术交底不到位，齐××安全意识淡薄，有安全通道不走，而偏偏误入有危险的地段。

【事故中的"违"与"误"】

（1）"违"的主要表现。

上述不安全行为和不安全状态违反了《安规》中生产厂房和工作场所基本条件的有关规定。

（2）"误"的主要表现。

施工单位对三个孔洞的危险性认识不足，危险点分析不到位，控制措施存在重大疏漏，自以为设置了安全通道就万事大吉了，殊不知还偏偏有人不从安全通道上行走。

29. 江苏 050622 某电厂更换楼梯踏板，防护措施不全，现场监护不严，两人违规穿越时坠落，一死一伤

【事故经过】

2005 年 6 月 22 日下午，在江苏省某电厂三期工程中，分包单位某建工集团有限公司两名工作人员从 7.4m 层平台向上更换楼梯踏板，在换踏步前先在工作层的上下两端及 0m 处分别拉好红白警戒绳，但未悬挂明显安全警告标志，未按作业指导书要求设专人监护。作业过程中，未按作业指导书要求拆一阶换一阶，而是拆两阶换两阶，形成的空档过大。当拆除到第六、七阶踏板时，因所带的新踏板用完，2 人同到 0m 层去搬新踏板。16 时 40 分左右，某电建公司职工王 × ×（男，29 岁，热工试验室试验工）在从集控楼 13.7m 层电子间去 0m 层

调试电动门时，钻过楼梯口的警戒绳，走至第六、七阶空档处坠落至 0m，落差约 8.8m。随后，该电建公司某分公司副经理赵××（男，45 岁）在集控室内听到有人坠落，急忙从集控室冲到锅炉平台，见有人躺在 0m，慌忙焦急中也钻过楼梯口拦好的警戒绳，并同样于第六、七阶空档处坠落至 0m。立即将二人送医院抢救，王×× 无生命危险，赵×× 经抢救无效死亡。

【事故原因】

（1）直接原因。

1）不安全行为。

a. 作业人员未按作业指导书要求的方法拆换踏步及设专人监护，并在拆除到第六、七阶踏步时，同时离开现场。

b. 王×× 与赵×× 违规穿越警戒绳，并从楼梯空档处坠落。

2）不安全状态。

楼梯第六、七阶的空档过大，且比较隐蔽，上下无强制隔离措施和明显的安全警示标志，现场无人监护。

（2）间接原因（管理缺陷）。

1）建设、施工、外包及运行单位安全管理不严，没有制定严密的安全管理方案和现场安全措施，安全教育不到位，导致现场作业人员及其他人员安全思想不牢，习惯性违章现象比较严重。

2）现场作业人员安全意识淡薄，执行安全规程和作业指导书不严，危险点分析不到位，存有马虎和侥幸心理。

【事故中的"违"与"误"】

（1）"违"的主要表现。

上述不安全行为和不安全状态违反了《安规》中工作监护制度和工作场所基本条件的有关规定，也违反了标准化作业指导书的有关规定。

（2）"误"的主要表现。

1）现场作业人员安全意识淡薄，对工作现场存在的危险点分析认识不足，导致现场控制措施存在重大安全隐患。

2）王××与赵××不熟悉工作场所内的情况，贸然穿越警戒绳，并踏空坠落。

八、砍树过失

30. 湖北 880702 某供电局清除线路树障，监护人失职，不系安全带，不戴安全帽，攀抓砍过的树梢，坠地死亡

【事故经过】

1988 年 7 月 2 日，湖北省某供电局在清除线路树障的工作中，临时工王××（男，34 岁）坐在离地面 6m 高的树权上砍树梢，既未系安全带，也未戴安全帽；下树时，因攀抓砍口过深的树梢而导致其折断，王××与该树梢一起落地，经抢救无效死亡。

【事故原因】

（1）直接原因。

1）不安全行为。

a. 临时工砍树时不戴安全帽，不系安全带，下树时攀抓砍过未断的树梢。

b. 工作负责人（监护人）对临时工砍树监护不到位，未能及时纠正临时工的不安全行为。

2）不安全状态。

树梢因砍口过深而折断，导致未采取任何安全防护措施的王××随树坠落地面。

（2）间接原因（管理缺陷）。

1）事故单位安全管理不规范，安全教育不到位，现场作业人员安全意识淡薄，习惯性违章现象比较严重。

2）工作负责人不负责任，未结合实际对临时工进行必要的指导和监护，听之任之，管理不到位。

【事故中的"违"与"误"】

（1）"违"的主要表现。

上述不安全行为和不安全状态均违反了《安规》中工作监护制度和砍树工作的有关规定。

（2）"误"的主要表现。

临时工缺乏砍树经验和自我保护意识，不懂得砍树工作的安全规定；工作负责人未对临时工进行必要的教育和指导。

31. 湖北 960408 在某 110kV 线路处理树障的工作中，工作人员不系安全检带，不穿工作鞋，高空坠落重伤

【事故经过】

1996 年 4 月 8 日 7 时 30 分，××输电分局××维护站站长徐××带领张××、吕××、何××、姚××等八人来到某 110kV 线路 132# 杆下砍伐树障。进入现场后，站长徐××口头上向工作班人员交代："大家注意安全，砍树用梯子，张××担任监护人，我担任工作负责人"。之后，工作班成员姚××、何××各上一棵樟树砍伐。

8 时 30 分左右，在何砍完了其负责的一棵树后，由于另一棵树枝叉较多，工作量大，于是地面工作人员吕××就主动上树帮忙。当砍完全部邻近导线的树障，准备下树时，吕

××因脚下打滑，站立不稳，从4.8m高处坠落到地面，造成腕骨、肋骨和桡骨骨折。

据调查，此项工作未填用工作票，作业人员吕××在树上作业时穿的是皮鞋，且未使用安全带和安全帽。

【事故原因】

（1）直接原因。

1）不安全行为。

a. 此项工作未办理工作票，属无票工作。

b. 作业人员吕××在树上作业时穿的是皮鞋，且未使用安全带和安全帽。

c. 工作现场监护不力，未及时纠正工作班成员的不安全行为。

2）不安全状态。

由于吕××在树上作业时穿的是皮鞋，且未使用安全带（未将安全带带到现场）和安全帽，以致在准备下树时，脚下打滑，站立不稳，从4.8m高处坠落到地面。

（2）间接原因（管理缺陷）。

1）工作单位对职工的安全教育不到位，职工安全意识不强、工作责任心差，对安规的相关规定不理解、不熟悉，违章行为严重。

2）施工现场组织管理存在漏洞和薄弱环节，执行规章制度不严，工作前未对工作班成员进行"三交三查"，工作人员的着装不符合安全要求。

【事故中的"违"与"误"】

（1）"违"的主要表现。

1）违反企业《工作票、操作票制度实施细则》第四十条的规定，即"在邻近导线修剪超高三米及以上树木的线路通道清障工作，应填用电力线路第二种工作票。"

2）违反《电业安全工作规程（电力线路部分）》第26条的规定，即："上树砍剪树木时，不应攀抓脆弱和枯死的树枝。人和绳索与导线保持安全距离。应注意蚂蜂，并使用安全带"。

3）违反了省公司关于"工作时要穿工作服、工作鞋"的规定。

（2）"误"的主要表现。

职工安全意识不强、对安规的相关规定不理解、不熟悉，对穿皮鞋在树上作业的危险性认识不足，下树时操作不慎。

32. 广西 050602 在某 110kV 线路处理树障的工作中，由于不系安全带，在拉扯树枝时站立不稳，从 8m 高处坠落死亡

【事故经过】

2005 年 6 月 2 日早，××供电局输电维护管理所四班派李××、梁××配合梁 YY 对某 110kV 线路 25# ~ 26# 通道内危及线路安全运行的树木进行修枝。发车前，李××发现没有装安全带，就提醒梁 YY："带上安全带会安全一点。"梁 YY 说："工作量少，不用安全带"。

大约 9 时许，3 人到达工作现场开始工作，由梁 YY 上树进行修枝，李××、梁××在地面扶梯及监护。

9 时 40 分，当梁 YY 站立于高约 8m 处的第 3 棵树的树干上对进行修枝、锯树工作时，由于树枝被锯断后搭在通讯光缆

及其他旁枝上，于是梁 YY 试图将树枝扯落地面。不料在扯拉树枝的过程中，由于树干表面湿滑，导致梁 YY 脚下打滑，以致其人体失去重心而从树干向下坠落。在坠落的过程中，梁 YY 身体碰到正下方约 5.5m 处的树枝，致使其姿势改变为头朝下，安全帽随即被甩掉，导致其后脑先着地而倒在地面上。

事故发生后，李 ××、梁 ×× 立即维护现场，司机拨打 120 并汇报上级领导。10 时 17 分，急救车赶到现场对伤员进行抢救，约 3min 后将梁 YY 送往市第二人民医院进一步抢救。接报后，该局领导迅速赶到医院抢救室，要求医院选派最好的医生、采用最先进的医疗设备和药品，尽最大努力抢救伤员，但由于其伤势过重，于 15 时左右因抢救无效而死亡。

【事故原因】

（1）直接原因。

1）不安全行为。

a. 线路高级工梁 YY，在树上作业时设有系安全带，在扯拉树枝的过程中行为失当，导致脚下打滑而从树上坠落至地面。

b. 负责监护的工作组成员李 ××、梁 ×× 没有认真履行监护职责，未制止梁 YY 不使用安全事带的不安全行为。

2）不安全状态。

由于树干表面湿滑，极易导致树上作业人员脚下打滑，在这样的情况下，砍树人员居然不使用安全带，以致当真的出现打滑情况时，因失去应有的保护而导致悲剧的发生。

（2）间接原因（管理缺陷）。

1）班长李 ×× 在不了解工作现场树有多高，危险度有多大等具体情况下，同意出工，工作安排随意大，工作中没有明确工作负责人、监护人，没有交代安全注意事项。平时，班前会不规范，工作人员职责不清、安全监督形同虚设。

2）输电所安全管理不到位，放松了对员工的安全思想教育，对部分职工在日常工作中有章不循、习惯性违章的行为制止不力，使得习惯性违章屡禁不止。

3）从事故现场地形看，完全具备采用高空作业车进行树木修剪条件，但由于该局没有制订高空作业车的调用规定，生产管理部门及时推广、指导基层单位合理采用先进设备、先进技术的力度不够。

【事故中的"违"与"误"】

（1）"违"的主要表现。

1）违反《电业安全工作规程（电力线路部分）》（DL409—1991）第26条"上树砍剪树林时，不应攀抓脆弱和枯死的树枝，人和绳索应与导线保持安全距离，应注意蚂蜂，并使用安全带"的规定。

2）违反《电业安全工作规程（电力线路部分）》（DL409—1991）工作监护制度的有关规定。

（2）"误"的主要表现。

现场作业人员缺乏相应的安全意识，对在砍树工作中不使用安全带的危险性认识不足，对在砍树过程中可能出现的不安全因素缺乏应有的分析和判断，事故当事人在实际操作中没有把握好动作的尺度，以致出现失误。

九、踩踏不牢靠屋顶

33. 湖北 880716 某 110kV 线路放线，站在石棉瓦房顶抛引绳时将石棉瓦踩破，落入玻璃柜台致轻伤

【事故经过】

1988 年 7 月 16 日，在湖北省某 110kV 线路放线施工中，在 23 ~ 24 号杆之间跨越电话线时，青年工人朱 × ×（男，26 岁）登上石棉瓦房顶向电话线抛引绳，将石棉瓦踩破后落入房内的玻璃柜台上，被玻璃划伤左腿膝盖，到医院缝合了9 针。

【事故原因】

（1）直接原因。

1）不安全行为。

a. 施工人员站在不牢靠的石棉瓦房顶上向电话线抛引绳。

b. 施工人员在危险屋顶工作时无人监护。

2）不安全状态。

石棉瓦房顶经不起施工人员的踩踏而破损，导致施工人员坠入房内的玻璃柜台上，并将玻璃柜台砸碎。

（2）间接原因（管理缺陷）。

1）施工单位在施工作业前，对施工通道内的交叉跨越情况未进行细致的现场勘察，并提前制定完善的安全技术措施，导致施工人员临时采取措施，并站在石棉瓦房顶上进行作业。

2）现场施工人员对石棉瓦的特性不了解，自我保护意识不强，考虑问题不周。

【事故中的"违"与"误"】

（1）"违"的主要表现。

上述不安全行为和不安全状态违反了《电业安全工作规程（电力线路部分）》中工作监护制度和放、紧线工作的有关规定。

（2）"误"的主要表现。

未在施工作业前进行必要的现场勘察并采取有针对性的安全技术措施；现场施工人员对石棉瓦的特性不了解，缺乏相应的安全知识和工作经验。

34. 湖北 030707 在某 10kV 线路施工时，作业人员在屋顶上踩破石棉瓦，坠落地面致左腿胫骨骨折

【事故经过】

2003 年 7 月 7 日 17 时 40 分，××输电分局输电工程公司工程三队在某 10kV 线路 07# ~ 08# 杆处配合某 110kV 线路施工作业的工作中，作业地点位于一栋三层楼房的石棉瓦屋顶上，屋顶内部是一高 9.41m 的被废弃了的竖井，在竖井下 2.1m 处有一块呈 45°倾斜度的薄铁板。当工作班成员胡××（男，22 岁，2001 年复员军人）在该屋顶上绑扎导线时，不慎踩破石棉瓦，人体经竖井落至薄铁板，又被薄铁板反弹至地面，造成左腿胫骨骨折。

【事故原因】

（1）直接原因。

1）不安全行为。

a. 工作班成员在绑扎导线时，直接站在不牢靠的石棉瓦屋顶上，并将石棉瓦踩破。

b. 工作人员在石棉瓦屋顶工作时无人监护。

2）不安全状态。

大量的事故案例证明，人如果直接踩在石棉瓦上，很容易导致石棉瓦破裂而造成高处坠落事故。本事故案例的作业地点恰恰就是在石棉瓦屋顶上，由于作业人员没有采取任何防高坠安全措施，而是直接在屋顶上踩踏，以致最终导致高坠事故的发生。

（2）间接原因（管理缺陷）。

1）施工准备不充分，现场勘察和危险点分析不到位，工作票和安全措施票上安全措施不具体，针对性不强，对防高处坠落的安全措施没有考虑。

2）对职工的安全教育培训不到位，工作人员缺乏相应的工作经验和安全防范意识，对石棉瓦的机械特性缺乏应有的调查研究，以至于身处危境不知危，在石棉瓦屋顶工作时，没有结合实际采取相应的防止高处坠落的安全措施（例如：在房顶铺设木板或木梯以降低屋顶局部的受压强度等）。

【事故中的"违"与"误"】

（1）"违"的主要表现。

违反了《电业安全工作规程（电力线路部分）》中工作监护制度的有关规定。

（2）"误"的主要表现。

在施工作业前未进行必要的现场勘察和危险点分析，未根据现场实际制定有针对性的安全措施，现场施工人员对石棉瓦的特性不了解，缺乏相应的安全知识和经验。

十、冒险蛮干

35. 湖北 850708 某 35kV 线路换横担，所带工具与工作不适应，用吊绳登杆导致精疲力竭，沿绳滑落致重伤

【事故经过】

1985 年 7 月 8 日，在湖北省某 35kV 线路更换横担的工作中，由于该杆为 6m 套筒加 15m 混凝土杆结构，而所带竹梯又不够高，于是方 ×× 等三人将梯子抬起，另一人沿梯子上去后，再用脚扣登至距下层导线 1m 处，将吊绳系在横担上，然后由方 ×× 攀着吊绳往上登。当方 ×× 登至距杆上作业人员约 1m 时，感觉双手无力，头晕眼花，被迫沿吊绳滑落，双脚和臀部着地，造成第十二节胸椎压缩性骨折。

【事故原因】

（1）直接原因。

1）不安全行为。

方××登杆时不使用登高工具，而是通过攀抓吊绳往上登。

2）不安全状态。

工作班所带登高工具与现场实际需要不相适应，工作人员在用吊绳攀登的过程中，因力竭而滑落地面。

（2）间接原因（管理缺陷）。

1）事故单位安全管理不严，安全教育不到位，导致职工队伍安全意识淡薄，习惯性违章现象比较严重。

2）工作负责人和工作票签发人不熟悉设备，又不进行相应的现场勘察，导致准备工作与现场需要不相适应；现场作业人员缺乏规程规范意识和自我保护意识，发现问题后，既不向领导汇报，也未采取正确的态度和方法，而是冒险蛮干。

【事故中的"违"与"误"】

（1）"违"的主要表现。

上述不安全行为和不安全状态违反了《安规》中杆、塔上作业的有关规定。

（2）"误"的主要表现。

工作票签发人和工作负责人不熟悉设备，导致工器具准备出现问题；现场人员安全意识淡薄，存在侥幸心理和怕麻烦的思想意识，冒险蛮干。